U0182126

狡猾的机器

解码AI原理与未来

Cunning Machines

Jędrzej Osiński

[波兰] 约德尔泽伊·奥辛斯基 著

张旭光 谢向前 译

中国科学技术出版社

·北 京·

图书在版编目（CIP）数据

狡猾的机器：解码 AI 原理与未来 /（波）约德尔泽
伊·奥辛斯基著；张旭光，谢向前译 . — 北京：中国
科学技术出版社，2024.6
书名原文：Cunning Machines: Your Pocket Guide
to the World of Artificial Intelligence
ISBN 978-7-5236-0569-1

Ⅰ . ①狡… Ⅱ . ①约… ②张… ③谢… Ⅲ . ①人工智
能 Ⅳ . ① TP18

中国国家版本馆 CIP 数据核字（2024）第 056827 号

策划编辑	杜凡如　任长玉	责任编辑	任长玉
封面设计	奇文云海	版式设计	蚂蚁设计
责任校对	邓雪梅	责任印制	李晓霖

出　　版	中国科学技术出版社
发　　行	中国科学技术出版社有限公司发行部
地　　址	北京市海淀区中关村南大街 16 号
邮　　编	100081
发行电话	010-62173865
传　　真	010-62173081
网　　址	http://www.cspbooks.com.cn

开　　本	710mm×1000mm　1/16
字　　数	180 千字
印　　张	14
版　　次	2024 年 6 月第 1 版
印　　次	2024 年 6 月第 1 次印刷
印　　刷	大厂回族自治县彩虹印刷有限公司
书　　号	ISBN 978-7-5236-0569-1/TP・478
定　　价	79.00 元

如果你无法对某种事物进行深入浅出的解释，
那么你对其的领悟就不够通透练达。

——爱因斯坦

科学宣言

在进行深入探讨之前，我希望你能将我深信不疑的箴言铭记心底：所有人都能成为科学家。我甚至想表述得更加确凿一些：世人皆是科学家。

回望人类的文明史，我们迟早会认识到，无人生来便是改变世界的科学家或者发明家，亦无人是因为接受了教育而有所成就的。以科研成果对历代数学家产生深远影响的17世纪天才人物皮埃尔·德·费马（Pierre de Fermat）是以律师职业谋生的，使整个物理学界发生翻天覆地变化的爱因斯坦亦是以专利局中的职员身份度日的。

如今，人们不再对科学抱有兴趣，这已经成了时代的问题。当爱因斯坦的理论得到实验证实之后，他一跃成为知名度远超乐坛明星的世界著名人物。世界主流报纸争先恐后地以简明扼要的形式对相对论进行报道。除了物理学家，更有各行各业的人物，以数以万计的规模参与其中。相对论成为令整个世界都为之癫狂的热门话题。时至今日，每个年度的发明数量都比20世纪的发明总量更多。然而，我们却对此视若无睹，或者无暇顾及。为什么？

第一个原因便是繁忙。忙碌是显而易见的时代潮流。非常遗憾的是，无论学校还是工厂都是这般情景。作为一名大学教师，我无数次听到学生说："我不需要那些科学知识，我只想学习能在未来的工作中用到的技能。"这种思想成为创造性思维走向终结的开端。人们所接受的教育越发有限，仅仅适用于分工明确的具体任务。我们从善于思考的智慧生命慢慢演化成工具。人们开始对各种各样的理论避而不见，而仅学习应用理论。人们无暇对概念进行深入思考，我们的时间仅够学习应用解决方案。我们的时间仅够思考"如何"，却没有时间问及"为何"。

第二个原因是世上最大的谎言之一正在成功地侵蚀着一代代年轻人。这个谎言欺骗年轻人没有理解能力，并且将部分年轻人定义为"人文主义者"，所以年轻人应该对数学视而不见，甚至"理所应当"地回避数学方程。人们在对某些领域进行初次尝试之后便会在某种程度上被人为地分流。你是否知道爱因斯坦的博士论文初稿遭到了"不合格"的评定？你又是否知道他在超过两年的时间里应聘教师的工作岗位却屡屡遭到拒绝？如果放在今日，人们又会对他说些什么呢？大概会这样说吧："放弃吧，去学习软件应用技术吧。很多公司都需要软件应用技术人才，而且薪酬很高。"

切莫摒弃知识，切莫只顾眼前利益。就算大家告诉你知识并非某个岗位的必备条件，也切勿放弃学习。与科学为伍，不仅会使你的技能有所增长，而且更为重要的是，会使你的思想受到启迪。如果你在遇到挑战时引导大脑选择回避，那么你迟早会陷入一片茫然、不知所措的境地。你只需培养自己对世界怀有兴趣，暂时将工作的条条框框和陈规烂矩抛之脑后，然后以旁观者的角度看待工作，在街头巷尾驻足片刻，思索一番脚下的路是由何种材料建造而成的。

奇妙之处在于，创造力无须进行后天学习，人们只需提醒自己如何对创造力进行施展和发挥。孩童的思维充满了奇思妙想，会天马行空地提出繁若星斗的问题。然而事实却是，人们在孩童的成长过程中一次次告诉他们，没有必要对这些问题的答案进行求索。

切勿停止求索。求知欲是人类强大的本能之一。不要和这项本能对抗，而要将其视为天赐的礼物。无论年龄几许，都要了解这项本能并且以其为荣。在你探索工作和生活的解决方案时，也许科学的视角能够对你有所助益。求知欲不仅能够使你的思维保持活跃，而且能够对老年痴呆症起到预防作用。

不要相信任何否定你对事物的理解能力的人。我们生来之时，上天就在我们的思想和心灵之中赐予了同等的求知欲。以求知欲为方向吧。人人皆是科学家。

目 录
C O N T E N T S

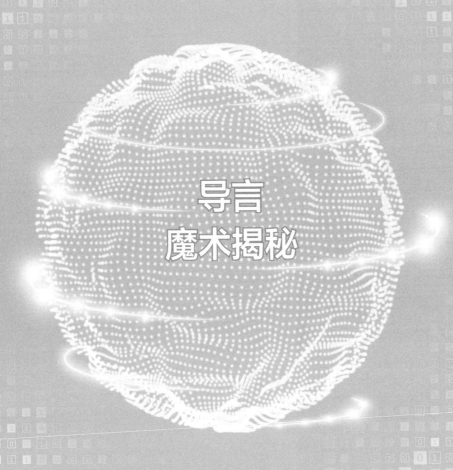

导言
魔术揭秘

　　"人工智能"（AI）不仅是各大影院的银幕上和许多高精尖技术专家的工作间里常常出现的词语，而且几年前便在和其毫无关联的诸多领域中成为司空见惯的词语。时至今日，人工智能已经成为商界人士、教会领袖和世界顶流政客名流的谈资。人工智能也在那些由"未来""文明""希望"或者"危险"等词语所构成的句子中频频出现。尽管"人工智能"是一个大众耳熟能详的词语，但是实际上能够将其理解得通透练达的人却凤毛麟角。

　　这便是人工智能系统和魔术师的戏法之间存在零星的相似特征的原因所在。尽管我们都知道魔术只是一种幻象，但是却热衷于观赏魔术，而且不希望它戛然而止。我们渴望置身其中，重拾童年美好。本书旨在解读人工智能，并且帮助你了解人工智能的真正含义、人工智能的工作方式以及我们可以对人工智能抱有何种期望。魔术将会揭晓，浓烟将会消散，你将获准步入魔术师的幕后。正因如此，我在此郑重地向你发出第一个忠告：想清楚是否要学习本书的内容，因为如果你学习了之后，下次你在电视上听到人工智能时，就再也不会像从前那样心潮澎湃了。所以现在是你置身事外的最后时机：合上此书，放到书架上，转身离开书店，永远不要回来。但是如果你决心继续，那么我保证一切都将令你更加着迷：因为和所有科学别无二致的是，人工智能的真正魔力在于，你知道的越多，你就越想深入研究。所以我的第二个忠告是，知识会使人上瘾。请你三思而后行……

你没有离开？我对此非常高兴，我认为你做出了一个明智的选择。那就让我带你畅游人工智能的奇幻世界吧……

我们将会在本书的后续文本中围绕人工智能这个主题针对许多话题展开探讨。然而，有一个重要话题，我有必要在此说明，然后方能开启探索之旅。这个话题便是感觉。我们在公共空间里有目共睹的是，人们对人工智能怀着千奇百怪的感觉，而其中最为强烈的感觉之一便是恐惧——对自己感到恐惧，对家庭感到恐惧，对未来感到恐惧，被整个科幻娱乐产业所巧妙利用的恐惧。那么我们挥之不去的恐惧是否具有存在的理据呢？

首先，当我们遇到未知事物、新鲜事物或者无法解释的情况时，恐惧是一种本能反应。我们没有理由为此感到羞愧。因为这是我们进化出的天性，古人也是因此才得以在野外环境中生存下来的。当人类在 19 世纪 90 年代建造早期电影院时，发生了与当今时代类似的恐慌现象：在最初的首映式上，观众对（荧幕上）驶来的火车感到惊恐万分，摄影师用镜头记录了某些观众纷纷逃窜的现场情景。然而，时至今日，为了能使观众心率加速，就连三维电影制作师都要在工作过程中费尽心机。

同样重要的是，我们需要明白，未来某些风险仅仅通过利用人工智能便可得以消解。我们做个类比，这和采用高压电进行工作有某种相似之处：如果你既没有掌握足够多的电工知识也没有穿防护服，那么你便有致死的风险。但是这并非意味着高压电存心如此。与此相类似的是，即使人工智能进化出自我意识和创造力，我们也有责任教育它区分善恶。在人工智能诞生之初，它像一张白纸一样，既无天生本能，也无遗传反射（这些是动物会表现出来的特征，尽管犬类自幼崽时期便得到精心调教，但是有时也会变得极其危险）。所有这些不可逾越的规则应该由人类来严格定义。我们将会成为"造物主"——既有可能，亦很不幸。

　　我写这本书的一个主要目的是使人们了解何为人工智能以及人工智能如何工作。我在过去的 12 年中一直在这个科学领域积极努力，并且以此为主题完成了硕士学位和博士学位，也曾多次参与政府拨款项目的工作，数次进入大学演讲或者在会议上发言，并且为人工智能科学技术的普及贡献力量。我一直关注的问题是，那些在大众媒体上谈论人工智能的人们往往对它存在误解。此外，专家的视角通常聚焦于深层和尖端的技术细节，而对于没有类似背景的人而言，这些细节几乎是无法理解的。上述各种原因催生出更多迷思和误解，致使整个话题变得更加复杂和费解。

　　然而，人工智能的基础实际上并不复杂。想要理解基本神经网络的工作方式，并不需要博士学位作为基础。想要对此进行学习，也无须先行掌握高超的计算机技术。当然，如果你想对人工智能进行深入研究，去开发个性化的解决方案，以此对外分享或者出售，那么上述两点大概都是必备的先决条件。但是如果你仅仅想要理解基础知识，那么你就无须做额外的准备工作。如果有人说你不具备接受此类知识的条件，那就意味着他们想要以高昂的价格向你推销基础课程，或者他们根本不想花费时间为你解读。简而言之，他们对人工智能的理解没有达到炉火纯青的程度，因为他们在工作中反复使用单一化的解决方案却从未进行过深层思考。本书所采用的方法有所不同。我对你的唯一期望是你对人工智能怀有好奇心和求知欲，你无须在该领域具有相关背景。你也可以关掉计算机（除非你对软件编程掌握了中等程度的知识），你只是有时会用到纸笔。

　　正如前文所述，本书是面向大众的通俗读物。即使你不是技术人员，未来也不打算从事与人工智能密切相关的工作，本书也可以被列入你的书单。除了基本人工智能解决方案的种种理念之外，我也将谈及人工智能的基础知识和灵感源泉——我们眼中的平凡世界和高新技术发明之间所存在的意想不到的种种关联。我认为，这也将改变你观测世界的方式。我希望你不仅能够因此获得探索人工智能的灵感，而且能够因此提出更多问题，从而寻求个性化的解决方案，而不会（在所在行业中）盲从标准。这便是伟大发明诞生的根源——源自问题和改变的愿望。平日里要解放思想，善于提问，培养好奇心。

我认为，这本书大概也会使从事或者准备从事人工智能方向的软件开发人员和软件架构师感兴趣。虽然你在工作过程中使用了算法，但是你对算法的背景是否有深刻的理解呢？你能否向没有技术背景的老板、业务部门或者客户对你的结果做清晰明了的解释呢？本书将会助你一臂之力。也许你是一名正在寻找新的课堂练习或者简单案例的教师？那么你也应该阅读此书。

现在，我来对本书的结构做个简单的概述。第一章我将对主要概念进行解释，其中包括人工智能的含义，人工智能的起源，科学家对人工智能的评估方式，以及人工智能的主要局限性。第二章至第五章我以一种简明的方式对影响深远的人工智能技术进行了阐述，同时配以背景知识、名人轶事以及一些简单案例，不仅会使读者在探索话题时感到舒适，而且还会为读者带去些许欢愉。本书将对下列人工智能领域进行解读：

- 人工神经网络
- 遗传算法
- 蒙特卡洛法
- 自然语言处理
- 本体论及其应用

第二章至第五章可以不必按照顺序，你可以随机阅读。尽管如此，我仍然建议读者遵循既定的顺序阅读本书。在第六章中，我们将探讨人工智能的未来、我们在未来几年或者几十年能够对人工智能怀有何种期待，以及人工智能的机遇与挑战。

为了便于读者阅读本书，我采用了两种特殊符号作为标记，分别用于突出显示额外内容和对章节知识进行总结。一种符号是顶部带有火箭图标（🚀）的框架。我采用这些框架对一些与当前热门话题有关的额外内容进行标记，但是这些话题稍有深度（因此大概需要读者具备数学或者技术背景）。当然，这些内容并非真正的尖端科技，即使你略过这些内容，也可以使语境信息保持完整。你也可以在重读某一章节时再次对这些框架内容进行思考。如果你对某个具体方面更感兴趣，那么就可以将其视为深入开展个人研究的指针，并且自由决定前进的距离。另一种符号是本书每个章节末尾带有铅笔图标（✏️）的总结框架。每个框架中都列有一个由简单注释所构成的清单，用于提醒读者这一章中所涉及的重要概念和思想。

对信息技术开发人员和没有技术背景的普通读者而言，人工智能这个话题的重要性和趣味性都是相同的。未来不仅是各国首脑共同瞩目的主题，也是大众三餐闲谈的话题。人人皆是天生的科学家，只是人生境遇和日常琐事并不总会给我们容留足够的时间去仰望天空……

现在是解放思想畅读本书的时候了，也是认真品味科学乐趣的时候了。你很快就会学到少有人知的东西了，开怀畅读吧，引以为傲吧。放下负担，深吸口气，潜入人工智能的世界吧。你正在步入当今时代最伟大的魔术秀的后台，不久之后，所有秘密将全部揭晓……

> ✏️　要点
> - 虽然人工智能是一个大众媒体广为言说的词语，但是高谈阔论的人比比皆是，通透练达的人却寥寥无几。

- 对新事物怀有恐惧心理是人类的本能反应。你不应该为此感到羞愧，但是令你羞愧的原因却值得研究。
- 人工智能本身并无善恶之分。它没有个性可言，仅仅是个工具。正如我们会因为使用锤子不当而受伤一样，我们也会因为利用人工智能不当而招致伤害。
- 不要迷信那些夸夸其谈超出你认知范围的人，这种人对事物的理解并不透彻。
- 跟随自己的好奇心吧。对此进行培养，关注这部分天性，你就会出乎意料地发现日常事务奇妙的解决方案。
- 感受这本书的奇妙吧！

✎ 你的笔记

第一章
人工智能：改变
世界的科幻词语

放眼今日，"人工智能"已经成为街头巷尾的热门词语。这是无可争议的事实。无论是在谷歌搜索引擎中键入关键词，还是打开电视机，或者阅读最新发行的报纸，人们都会或多或少地注意到，到处遍布着人工智能的影踪。历史上从未有哪个时期能够像现在这样进行全天候的播报和大范围的推广。人工智能再也不是科学家们的专属话题了。你能听到各行各业的人们谈论它，也能在各国政治首脑的演讲中听到相关话题。人工智能已经成为当下的时代趋势，了解人工智能也已经成为一种时尚潮流。艾伦·图灵（Alan Turing）虽为计算机科学先驱之一，却也未能在其最具未来主义色彩的预言中设想到今日之情景。

第一节　何为人工智能

虽然人工智能是我们永恒的话题，但是我们所谈论的到底是什么呢？人工智能的含义究竟是什么？就我们所关注的领域而言，人工智能的定义是多种多样的。然而，事实上，没有哪个定义能够得到所有科学家的一致认同。这其中的原因是显而易见的。目前，我们仍然无法对大脑的多数潜在特征做出明确的解释，因此无法对人类智商的本质进行定义。我们对这个话题研究得越深入，就会有越多的理论产生。就智商仅以一种形式存在还是以多种形式并存这个问题而言，形形色色的争论至今悬而未决。这是为什么呢？层出不穷的案例表明，有些人的智力水平仅在平均水平上下，但是他们却是能够创作出价值千万美元画作的画家。另一方面，许多被公认为天才（智商超过测量范围）的科学家被视为特立独行的个体，他们无法与他人构建牢固的关系，在尘世和人群中充满了失落感。那么他们中有人称得上智慧超群吗？难道智慧仅仅是指善于猜谜解惑和门萨智商测试（Mensa intelligence test）吗？或者在更深的层面上智慧是指让人以一种永不后悔的方式生活吗？答案介于科学和哲学之间，而且仅能基于假设进行阐述。由于我们无法对人类智商的概念进行解释，所以我们至今没有对人工智能的定义达成一致是不足为奇的。但是我们至少可以尝试对一个最常见的定义进行回忆。这个定义将人工智能的概念划分成两类：弱人工智能和强人工智能（图 1-1）。

图 1-1　弱人工智能和强人工智能

　　弱人工智能（weak artificial intelligence）是指成功模拟人类单一能力的计算机系统。这究竟意味着什么？模拟是一种模仿某种行为的能力；能力是一种技能、感觉、本能或者习得的专业技术。我们以用于识别图像中可见字母的应用程序（即所谓的 OCR——光学字符识别程序）为例，这个应用程序可以模拟（或者模仿）人类视觉和阅读能力。再例如，语音识别系统可以模拟人类的听觉，计算机象棋游戏可以模拟职业象棋选手。总之，应用程序是为了解决特殊需求或者思想而设计和执行的。换而言之，每个计算机程序都有一个特殊目的，而该目的正是其存在的原因。这是自从首枚处理器诞生以来所有计算机系统的共同特征。自从首台计算机诞生以来，目的从未改变，即代替我们不再乐于执行的重复性耗时工作。

第二节　强人工智能

现在开始解释强人工智能（strong artificial intelligence，有时也称为通用人工智能或者全面人工智能）。首先必须澄清一个事实：强人工智能并不存在。较之于弱人工智能而言，强人工智能系统不会受限于单一感觉、技术或者解决一个特定问题。强人工智能是指，模拟人类全部能力的程序，能够像人类一样对任何既定（或者任何领域）的问题进行分析。有必要强调的是，寻找解决方案或者正确答案并非鉴别强人工智能的唯一标准。人工智能应该模拟人类的智慧，但是因为人类对自己的智慧都无法彻底明白，所以我们期望从机器那里获得智慧是相当不公平的（毕竟，机器是将人类视为榜样的）。

强人工智能的另一个潜在特征是创造力（creativity）。即使是现在，我们有些时候也会在计算机的运算结果中发现一些表明它们具有创造力的元素。2016 年 3 月，深度思考人工智能公司（DeepMind）研发的阿尔法狗（AlphaGo）计算程序战胜了韩国围棋选手李世石，成为第一台战胜职业围棋选手的机器。赛后，人们将阿尔法围棋的某些落子视为具有创造力的棋招，这在此前从未见过，它将围棋的水平推向了一个超越人类认知范围的高度。然而，尽管这些早期创造力的迹象已经得到了人们的注意，但是我们应该记住的是，这和真正自发的创造力之间有着天壤之别。尽管这个结果既让人难以置信又激动人心，但是系统仍然以既定目标（赢得比赛）为精确目的，而且（对于棋局如何进行的）连续反馈对下一步的落子构成了影响。就真正的创造力而言，我们是指一种创造全新思想的能力，或者一种发明（而非针对现存问题的解决方案），又或者一件与存世之作没有雷同的艺术品。当然，我们可以就此再次提出一个更具哲学性的问题：我们自己拥有多少真正的创造力？我们中有多少人能够创造出可以改变世界的新理念或者新发明？又有多少人能够撰写出鼓舞后世的杰作？我们习惯于墨守成规，至少遵循父母所习以为常的某些观念；我们从老师那里汲取知识；我们从工作单位那些入职更久的同事那里获取经验。教练在体育运动中对我们精心训练，心理诊疗师教导我们如何处理生活问题，教会权威人士向我们解释何为善恶。所以，无论我们是否愿意，我们都会受到自身所处社会的教育和启发。因此，从绝对意义上讲，我们的多数活动都并非自发性的创造行为，计算机能够因此而达到的创造力水平也是难以估量的。正如前文所述，人工智能并无善恶之分，它在诞生之初便是一个没有思想的工具。人工智能如何发展取决于人类，人工智能具有多少创造力也由人类决定。

　　强人工智能的另外两个方面是意识和自我意识。毫无疑问，这是在实现全面模拟和创造力的基础上才能达到的更高层次。计算机能否变得具有自我意识也不是十分确定的事情。这和人工智能领域里最大的悖论之间存在着关联：计算机易于处理的事情（如计算）对人类而言是非常棘手的，反之亦然；对人类稀松平常的事情（譬如，自然的交流）或者显而易见的事情，却令计算机束手无策。让我讲一点概念本身的内容，实际上这会比进行精确的定义更易于我们直观地理解问题。第一个方面是意识（consciousness），即感觉的能力、感受我们周围世界的能力、感知我们生活环境的能力。意识也指我们以同样的方式对身体内部世界和外部物体所存在的知觉。换个角度，我们可以站在对立面上来审视这种思想，比如无意识的人（例如，处于重大外科手术麻醉状态下的人）既不知道身体外部发生了什么，也不知道身体内部发生了什么（例如，手术操作）。任何曾经体验过失去意识的人都知道，这段时间通常是我们记忆序列中一段缺口。我们将在这段时间之内对所有事物失去的知觉称为意识。大概就是因为这个道理太浅显了，所以我们才没有认识到它。那么强人工智能的情况如何呢？意识注定会成为强人工智能进化过程中至关重要的步骤之一。当我们不再需要提供任何输入数据之时，便是关键时刻到来之日。到时候，无人需要输入等待分析的特殊问题、指令或者图像，系统将会具有通过搜索服务器、数据库和互联网而自行查找数据的能力。系统也将对所处环境具备理解能力，并且对周围状况的变化具备感知能力，从而实现高效工作的目的。

自我意识（self-awareness）是一种和意识非常相近的概念，但是笔者认为自我意识是来自另一个视角的观测结果。意识是对我们的身体和周围的世界进行认知的能力，而自我意识则是对这种认知的理解，听起来有点哲理的意味，这只是第一印象而已。简单来说，自我意识就是将我们自己理解成拥有思想和意识的个体的能力。我们不仅能够感觉到周围的环境，而且知道我们是环境中的一部分，我们能够对自己和自己的思想形成认识。我们知道我们拥有情感，并且能够对各种情感对我们的影响有所理解。正如你所看到的那样，这是机器更难实现的另一个层级。因为机器将不仅要感知自己所处的环境，也必须对这种感觉进行理解。在诸多针对自我意识开展的测试当中，有一个非常著名的镜像实验：动物能够在自己的镜中映像中识别出自己吗？答案是令人惊讶的。尽管所有动物都有意识，但是只有某些物种具有自我意识。例如，镜像实验的变体之一是由两只海豚成功完成的所谓的"标记实验"。在一个大型水族馆中矗立着一面镜子，让海豚游过去照镜子。为了确认海豚明白镜中的动物映像确实是自己，科学家在海豚身体的一侧做了一个彩色标记。令人惊讶的是，这只海豚开始游近镜子，一次次以同样的方向查看位于体侧的标记。它完全能意识到镜中的动物是它自己的映像。那么，人工智能能够达到这种水平的意识吗？一些生物界的案例清晰地表明，这种能力是进化的最新阶段之一。此外，人们对人工系统的本质怀有疑问。首先，人工系统并没有人的身体。即使我们对尖端机器人进行探讨，就系统是否认为自己与特定身体结构存在明确关联这个问题而言，目前还没有清晰论断。其次，系统是不可名状的虚拟物质，能够存在于许多副本之中；而且，如果一部机器人出现了故障，那么人工智能系统能够轻易转移到另外一块硬盘之中。最后，高级程序注定会存储于云盘之中，在各种服务器之间使用。这就是为何即使人工智能变得具有意识，我们也无法清晰说出这种意识位于何处的原因。它可以同时存在于互联网的任何所及之处。人工智能大概也无法针对下列问题做出回答：我是谁？我在哪？这两个问题是自我意识的基础。

从自我意识出发，下一个重要环节是情感（feelings）。系统可以是有意识的，进一步说，甚至有自我意识，但是我个人认为系统永远无法实实在在地具备与人类情感类似的特征。毫无疑问，某些人（例如，精神病重症患者）根本无法感受共情、快乐或者恐惧。人类对死亡的恐惧是其最强烈的情感之一。死亡不仅潜藏在人类的思想深处，而且以更加简单亦更加本能的方式存在于所有具有自我意识的物种心中。任何将自己视为生命个体的实体都明白死亡意味着生命的终结，而且会竭尽全力避免死亡。但是，软件程序能够真正地死亡吗？软件程序的运行可以得到终止，代码也能够被删除。但是不可否认的是，具有自我意识的系统必然会复制许多备份文件，以此防止不可逆的消失。在云盘里生活更加容易，通过网络传播的系统是无法真正得到清除的。所以，如果这样的系统无法思考自己与死亡之间的关系，那么（除了纯粹的百科全书定义之外）它就永远都无法理解何为生活。无法理解生活也使人工系统无法欣赏生活以及生活的组成部分，譬如，爱情、友谊、家庭、信仰、知识，诸如此类，不胜枚举。而这些恰恰是日常所见种种情感的共同起源。我认为人工智能系统的永生性使其获得类似于人类情感的机会受到了制约。

强人工智能是现代科学领域中最令人心驰神往的话题之一，而（我们即将学习的）弱人工智能技术则是通往构建强人工智能的道路上的履履跬步。弱人工智能也是一种帮助我们设想和预测未来的强人工智能的工作方式和行为方式的前瞻性工具。但是，使我对人工智能秉持着始终如一的兴致以至于在此领域深耕不辍的，还有另外一个原因。仔细阅读第三节，你会有何发现？当你看到这些图片时，你会思考什么更多一些，是计算机呢，还是人类？无论我们何时讨论人工智能的话题，我们迟早都会开始对自我进行反思。当我们认识到人工智能的话题有多么困难时，我们就会认识到自己有多么特殊，这是一个最美妙的思想。我们生来就拥有这所有特征。这个阶段的特征是任何机器都无法实现的。另外，并非所有人工智能的研究和发现都与计算机有关。近乎悖论的是，人工智能实验室中可能会出现的至关重要的一个答案大概会与人类相关，与人类的本质相关，与我们是谁相关，以及与我们的工作方式相关。无论你相信与否，这个答案既非医药学，亦非生物学，更非心理学，而是距离解决我们的基本哲学疑惑最近的人工智能研究。

第三节　图灵测试

我们已经针对强人工智能展开了许多探讨，但是我们如何才能验证我们是否真真切切地制造了一个强人工智能系统呢？也许它已经存在于某处了，而我们只是忽视了这项突破。正如本章前文所述，定义何为真正的智力可以归为当今时代的心理学未解之谜。计算机系统隶属于异常庞大的家族：形形色色的机器人、个人计算机和互联网机制，所有这一切都呈现着各种各样的能力、界面和外观……我们如何在如此庞杂的家族中辨别机器是否具有智力呢？家喻户晓的现代计算机科学之父——英国数学家艾伦·图灵提出了一个享誉世界的著名主张。尽管该主张是由其在 1950 年提出的，但是我们迄今为止依然无法找到更加卓越的方案。这个著名的"图灵测试（turing test）"用于测试机器是否果真具有智力。

这个想法极其简单。假设我们拥有一个系统，名为爱丽丝。爱丽丝是一个为回答通过控制台编辑的问题而设计的应用程序。爱丽丝的设计者们同意参与挑战，测试它是否具有智力。所以他们准备了两个独立房间，A 和 B。房间 A 中装配了 10 台带有控制台的计算机。公司邀请了 10 个人担任测试人员，分别坐在房间 A 中的每部控制台前。同时，房间 B 中也装配了 10 台计算机，但是只有其中 5 台的前面放置着椅子，充当另一组测试人员的座位。另外 5 台计算机并非由人类操纵，而是安装了爱丽丝应用程序。当所有一切准备就绪之后，实验正式开始了。两组测试人员都按照要求通过控制台和对方交流。他们可以通过与计算机相连的控制台谈论任何所思所想的话题。问题的关键在于：并没有人预先告知房间 A 中的测试人员，通过数据线相连的房间 B 中的计算机的操纵者究竟是谁。他们不知道自己究竟是在和人类交流还是在和爱丽丝交流，而他们的任务则是判断自己的交流对象究竟是人类还是爱丽丝。一段时间之后，实验停止了，坐在房间 A 中的测试人员被问及自己对交流对象的看法。所有测试人员都需要回答一个关键问题：你刚才是在和人类交流还是在和机器交流？他们的答案与事实相符。如果爱丽丝能够非常有效地对人类进行模仿以至于使对面的测试人员无法鉴别出它的身份，那么我们便可以确定爱丽丝通过了测试。结果显示，爱丽丝在即时交流时与人类存在差异（图 1–2）。

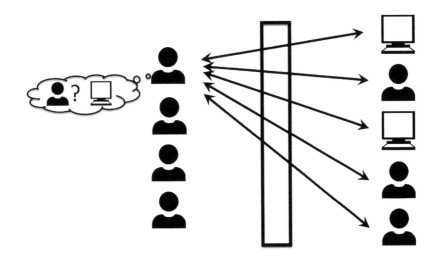

图 1–2　图灵测试——你知道你在和谁交流吗？

　　图灵测试中最大的挑战在于，测试人员允许以各种方式设计问题，并且可以毫无限制地询问任何问题。机器并不需要具备百科全书知识（房间 B 中的测试人员也并非对所有问题都是百事通），但是需要在交流过程中表现出人类所具有的特征：自然、流畅。某些对我们易如反掌的问题，对机器而言则是难以逾越的障碍。毫不夸张地说，没有任何系统能通过图灵测试。时至今日，这项在大约 70 年前设立的挑战依旧是悬而未决的。

第四节　是基于标准算法还是启发法

我们已经解释了弱人工智能和强人工智能之间的差异，并且对帮助我们检测系统是否果真具有智力的图灵测试进行了探讨。尽管具有智力的计算机在当今时代尚不存在，但是相对于我们的预期而言，弱人工智能技术已经距离人类更近一步了。毫不夸张地说，我们日常所用的智能手机无处不在地承载着弱人工智能技术。无论何时，只要你的手指划过智能手机的触摸屏，你就是实实在在地接触人工智能。当你通过说出联系人名字的方式拨打电话时，你就是在使用弱人工智能识别你的语音、分析你的句子，然后（自主）激活手机中的拨号模式。遍布全球的实验室都采用弱人工智能辅助分析脱氧核糖核酸（DNA）序列；弱人工智能也通过控制车辆的防抱死制动系统（ABS）以及在医院里分配药物来保护我们的生命。人工智能不仅支持工程师在外层空间探索人工生命，也支持工程师探察地下石油储备。人工智能在机场扫描旅客的行囊，也在大大小小的城市控制交通信号灯。个人相机中的快速自动对焦技术也是由人工智能控制的。人工智能在现代计算机游戏中扮演竞技对手，甚至在核电站中确保最高级别的安全标准。最后，诸如智能微波炉、冰箱的防冰系统、电视机和洗衣机等林林总总的家电产品也遍布着人工智能技术。弱人工智能几乎无处不在，而且新颖时尚、激动人心，各式各样出人意料的应用程序日新月异。如今，较之于寻找一片人工智能无法施展的生活空间而言，随手列出一张人工智能应用程序的清单要容易得多。因为这些技术模拟人类的感官和基本活动。

应用程序数量的增加是指日可待的必然结果。我们将会长此以往地寻找解决方案，从而使机器能够在我们不再乐于操作的冗长、危险抑或繁重的活动中代替人类工作。

等等，我们暂停一下。这一切听起来都特别明朗，似乎前途一片光明。但是你大概希望后退几步，驻足片刻，然后提出一个特殊的问题。许多年前，当我经人引导初次接触弱人工智能技术的时候，我问过这个问题。究竟是什么使人工智能的方法变得如此特殊？人类使用计算机的历史已经长达数十年之久，为何近来围绕着人工智能这个主题产生了如此之多的争论？我们就不能研发一些与沿用已久的程序差别不大的程序吗？答案是否定的，有一个因素迫使人工智能如此特别。

与以前的所有程序有所不同的是，人工智能的方法并非以标准算法为基础，而是基于启发法构建的。这两种方法之间的主要差别在于，当你以算法为基础运行程序时，你需要针对如何解决问题来下达明确的指令。譬如，为了计算两个数字的平均值，你必须首先对两个数字进行求和运算，然后将求得的数值除以 2。另外，如果以人工智能为基础运行程序，那么你就不必知道解决方案。你将需要解决的问题输入系统，系统就会自己制定解决问题的方法。例如，你无须教育计算机如何识别手写字母 A，你只需为它提供一些例子，它就会自己学习。第二个不同之处在于，算法总会反馈结果（因为它总会对输入指令亦步亦趋），而启发法却不会保证我们找到完美的解决方案。也许有人会说，这是一个明显的弊端。但是矛盾的却是，启发法的用途颇为广泛，尤其当算法时间耗用较大时（因此计算过程大概会耗时数年），或者当我们对如何计算毫无头绪时，启发法的效用更加明显。你需要明白的是：虽然数学取得了傲人的进步，但是仍然存在许多我们无法解决的问题和方程。在这种情况下，拥有一个能够为我们快速输出大致结果的启发式解决方案，可谓价值不菲。尤其是考虑到我们是人类，所以我们日常所需的往往并非完美的结果。我多说一句，我们通常在技术领域不需要精确的数值。例如，尽管圆周率 π 是无理数，以至于它的数字无穷无尽，但是连建筑师或者工程师所需要的 π 值都几乎不会超过前五位数字。

现在我对此进行更加确切的解释。经典系统（如果我可以这样称呼）中使用的算法是什么？算法（algorithm）是一个为了获得明确结果而需要因循的精确步骤。尽管听起来具有数学的意味，但是实际上我们每天都在使用算法。即使你连续几个星期都没有启动笔记本电脑，你也会在日常生活中使用算法。下面的例子是一个既完整又专业的算法案例。

算法名称：我最喜欢的茶饮

算法步骤：

准备一只杯子。

将五枚茶叶放入杯中。

在杯中添加沸水。

在杯中添加两块红糖。

用羹匙搅拌。

红糖溶解了吗？

如果溶解了，执行下一步操作。

如果没溶解，执行第 5 步操作。

添加一个柠檬。

茶饮调制完成。

无论你是否惊讶，你刚刚都读过了一个算法。在计算机上运行的算法以完全相同的方式工作，软件程序员仅需准备一份系统应该遵循的命令清单。就是这么简单。当然，程序的执行（程序运行的时候）并非总是直接向前的。当前进的路径多于一条时，程序就会遇到十字路口。但是这不是问题，应用程序仅仅需要检测某些数值，就可以选择正确路径（正如我们在上述案例的第 6 步中所习惯做的那样，我们会检查杯中是否还有尚未溶解的糖块，从而决定是否继续对茶饮进行搅拌）。

某些人大概立刻就会提出疑问，机器不会（我希望在这里添加两个副词，"经常"和"但是"）按照要求准备茶饮，而会执行复杂的计算。那我们就看一个能够通过高级数学计算器运算的算法案例。我们现在要计算数字 n 的阶乘，通常记作符号 $n!$ 。阶乘就是从 1 到 n 所涵盖的所有整数的乘积，例如，$3! =1 \times 2 \times 3=6$，或者 $5! =1 \times 2 \times 3 \times 4 \times 5=120$。有趣的是，阶乘是一种快速增长的函数，例如，10 的阶乘的运算结果是 3 628 800。我们想让计算机的使用者操纵算法去计算任何（通过控制台）给定数字的阶乘。

算法名称：n 的阶乘

算法步骤：

用户输入 n 值。

读取用户输入的 n 值。

准备一个计数器 i（这样你就不会忘记已经完成了多少次计算）。

准备一个存储位，用来保存当前的计算结果。我们将其记作 f。

将初始数值设为 $i=1$、$f=1$，开始计算。

i 是否等于 n?

如果 $i=n$，那么执行第 7 步。

如果 $i \neq n$，那么：

i. i 做加 1 运算（如果 i 以前是 3，那么它现在将会变成 4）。

ii. 将 f 和 i 做乘法运算，将计算结果计入 f。

将 f 值显示给用户。

所以，计算程序就会认为，只要数字的值小于 n，就对其做加 1 运算，再用运算所得值与当前结果做求积运算。这正是我们手工运算的过程。我们只是逐步乘以整数，将所得乘积记录下来（或者记在脑子里），然后检查是否运算到了最后一个数字。软件开发人员在工作中所完成的内容就是将上述所有命令编辑成程序文件。区别之处在于，因为计算机无法理解人类的自然语言，所以程序员使用特殊代码描述这些命令。各种编程语言都是基于许多代码字典（经过翻译处理之后可以使用的符号的清单）和句法规则（如何整合关键字从而构建计算机能够正确理解的命令）建立的。下述案例所示内容是上述算法经过 Java 编程语言编辑之后的样子：

```java
int calculateFactorialOf( int n ){
/*step 3.*/          int i;
/*step 4.*/          int f;
/*step 5.*/          i = 1; f = 1;
/*step 6.*/          while ( i < n ) {
/*step 6.b.i.*/          i ++;
/*step 6.b.ii.*/         f = f * i;
                     }
```

```
/*step 7.*/          return f;

}
```

　　我们做个秘密约定吧。请不要将上述代码展示给真正有热情的程序员。为什么呢？因为这段代码既非最佳方案（你能以更加简洁易读的形式编辑算法），也不完整（我刻意省略了前两步，而且没有编辑屏幕显示命令）。我的目的是向你证明，计算机程序只是以机器友好的伪语言编辑我们日常所用的算法。软件开发人员将理念转换成计算机能够识别的形式。我们可以将其与帮助不同国家的人交流的笔译人员或者口译人员的工作进行比较。类似的是，采用逐字转换的方式处理句子是行不通的。职业译员会以更加深入的方式来工作。他会对语言搭配、常见双关、文化因素以及许多其他方面进行综合考虑，从而避免产生误译。这份工作并不简单，亦不魔幻。尽管日新月异的应用程序改变了我们的生活，但是如果我们将所有美轮美奂的设计和对用户友好的界面全部除去，那么所剩下的就只有源代码，即由深怀远见的概念精心翻译而成的一系列计算机命令。这里没有隐藏的魔术。所以，你可以羡慕软件程序员，但是永远别再感觉不舒服。技术术语仅仅是关键字的集合。无论你以何为生，你都会和同事拥有相似之处！

　　截至目前，我们已经针对算法探讨了很多内容。我们将算法描述为逐步指令接收器，而启发法（heuristic）则是一种为了帮助解决各种问题而提出的方法或者建议。正如前文所述，采用这些实际方法并不能够保证我们最终会获得最优结果，但是重点在于，就解决我们当前所面临的挑战而言，启发法通常能够达到足够好的效果。许多启发法贯穿我们日常生活的始终，只是我们对其赋予了另外一种称谓：良策。例如，如果你无法理解某些概念或者计划，那么就绘制一张图表，然后从整体的角度去审视它。再举个例子，如果你遇到了棘手的问题，那就把它拆分成几个小型任务。启发法在我们周围无处不在，常常表现为流行谚语或者历史名言。关键在于，相对于精确的算法而言，人们在日常活动中对启发法运用得更加直观和自然。当我们在街上散步时，我们不会对眼前的每个物体都进行分析和精确测量。尽管如此，我们却不会轻易摔倒。当你去一个全新的环境度假看到激动人心的风景时，你就会知道那是美的。你不需要有人当面指导你对景色进行评判。当你看到远处的物体时，你会习惯性地猜测那是什么，而且有时会猜错（你在迷雾中看到了幽灵，但是很快就意识到那只是一个晾晒在树枝上的床单）。所以和启发法有所类似的是，我们的解决方案并不总是完美的，但是关键在于它们会节省许多时间，而且往往会引领我们走向成功，使我们以卓有成效的方式生活。想象一下，如果你为了避免细微的错误而对每个动作都小心翼翼，那会是什么样子：吃饭切牛排时小心翼翼，系鞋带时小心翼翼，洗手时小心翼翼，呼吸时小心翼翼。

启发法的解决方案使我们的生活成为可能、具有效果、充满活力。这就是它们隐藏在每个弱人工智能技术背后的主要概念之一的原因所在。和人类智慧类似的是，人工智能不会保证分毫不差的完全正确，但是会在算法无计可施或者过于耗时的情况下提供解决方案。让我们认真分析下述三个案例，它们验证了为何启发法是对已然问世数十载的经典计算机编程的必要而又无价的补充。一个人性的火花推动着当今时代的系统向未来的时代发展。

第一个案例是一个引人入胜、激动人心的普遍话题——自动图像识别软件。这种人工智能的能力是不可低估的，因为任何标准算法对此都会束手无策，甚至在开始分析之前就先行罢工了。想象一下用于识别字母的常见光学字符识别系统。多亏有了这种系统，你才能够对图片扫描一下就立刻得到可以编辑的文本，然后在此基础上进行修改，而无须重新手工输入任何信息。最新版本的光学字符识别系统还能识别笔迹，使其成为令人难以置信的伟大发明。因为不得不说的是，人们的笔迹各式各样，就像指纹一样彼此不同。职业笔相家会鉴别笔迹，并且以此作为留下私人笔迹的罪犯定罪的证据。人工智能可以对不同年龄、不同出身、不同教育程度的人的笔迹进行识别。你可以找几个朋友从本书中摘抄几个词语，然后对比一下笔迹。标准算法对此只能望洋兴叹。没有哪个逐步指令集既能涵盖所有差异又能正确识别文本。与人工神经网络相关的启发法（在第二章中详谈）的操作却能达到令人惊叹的效果。与此类似的是，图像分析工具也可用于人们在机场办理登机手续时对卫星图片或者所带行李进行扫描。当然，这些解决方案的确会产生误差，但是对经过专业培训的工作人员而言，人工智能在当前阶段所产生的错误率（错误情况在全部已经完成的分析活动中所占的比率）更低。尽管乍一看无所谓，但是这的确是一个令人焦虑的事实。实际情况是，计算机观测物体的能力优于人类。毕竟，我们已经在研发计算机检视物体领域深耕多年了。时至今日，计算机已经超越了人类，我们被落在了后面。无论你相信与否，未来就在今天，确切地说，就在你阅读这句话的当下。

现在让我们分析另外一个案例，一个更加严肃的案例。这个故事发生在一个核电站。众所周知的是，核电技术的一个至关重要的方面是安全问题。对诸如温度、压力等内部参数缺乏控制会迅速导致一些不可预期的连锁反应，最终发生爆炸以及对大面积区域的环境造成放射性污染。所以就存在这样一个任务：假设我们在核反应堆内部安装了五个温度传感器，并且假定 100℃ 是临界温度。如果任何一个传感器检测到了这个临界值，那么就应该立刻关闭整个核反应堆，并且开启紧急蓄水池向核反应堆注水，从而避免连锁反应的风险。如果采用经典算法处理这个问题，会是什么样子呢？算法可以多种多样，但是最终所有代码都将以类似于用下述文本的形式进行表达。

算法名称：核电站安全检测程序

算法步骤：

检测传感器 1 至传感器 5 的数值。

如果传感器 1 ≥ 100℃，就关闭反应堆。

如果传感器 2 ≥ 100℃，就关闭反应堆。

如果传感器 3 ≥ 100℃，就关闭反应堆。

如果传感器 4 ≥ 100℃，就关闭反应堆。

如果传感器 5 ≥ 100℃，就关闭反应堆。

等待 1 秒。

返回第 1 步。

乍一看，似乎一切都既是完美的又是安全的。但是如果我们更加细致地审视这个问题，那么我们很快就会意识到传感器检测并非如同我们预期的那样完美。假设有一种情况，前四个传感器所探测到的温度都是99.9℃，而第五个传感器所探测到的温度是 95℃。尽管（几乎在所有位置）检测到的数值都与紧急关闭临界值非常接近，但是算法却不会认识到危险。更可怕的是，这种情况在任何安全系统中都可能持续数个小时而无人发现。虽然墙壁后面的反应堆正在沸腾，但是既没有警笛，也没有警灯。这就是为何基于传感器（正如此处，或者类似的汽车防抱死制动系统）探测到的数值所下达的反应性命令很难采用标准算法执行的原因。在这种情况下，一种名为模糊集合（fuzzy sets）的弱人工智能技术将无计可施的状况变成了易如反掌的解决方案。模糊集合是以与日常现实相去甚远的精确量度和人们感知世界的方式为基础建立起来的。我们天生就会利用诸如小、大、热、冷、近、远等概念（有时称为定性描述）进行描述和思考，而不是使用诸如 45.33cm 或者 99.5℃等精确的数学量值（称为定量值）。这在我们的故事中是显而易见的。如果传感器是由工程师人为控制的，那么他很快就会意识到反应堆的状况极其危险。原因在于工程师具有知识和经验，但是根本原因在于他不会受到数值的限制。模糊集合也会帮助机器跨越这个障碍。人工智能会对传感器进行分析，而不会像标准算法那样陷入临界值的陷阱。潜藏在人类天性中的启发法越来越多地转移到了数字大脑之中。

我们最后一个案例涉及众所周知的概念——背包问题（knapsack problem，有时也称为"rucksack problem"）。有这样一则罪案故事。一个窃贼闯入一家商店，当然，他想通过卖掉赃物获得最大利益[①]。但是存在这样一个问题：背包的容量是有限的，所装物品也不能过于沉重，以便窃贼在警报响起之后逃跑时能够轻易携带。所以，他应该装何种商品呢？是装两

---

① 如果你想寻找积极向上的角色作为案例，那么你可以选择试图从燃烧的宅院中尽可能多地抢救物资的消防员。如果你对此进行更加深入的思考，那么你很快就会发现，这个问题的本质与市场窃贼的背包问题完全一致。背包问题比我们所想象的要普遍得多。至于最大的挑战，我们已经在前文有所提及，即没有获取解决方案的捷径。无可置疑的是，如果你有 10 种元素可以选择，那么你就会有 1000 多种匹配方案需要核验！但是有一道希望之光——一种名为遗传算法（参见第三章）的弱人工智能技术助我们一臂之力。这种从生物进化的过程中获得灵感启发的方法能够快速生成多种解决方案，并且能够将各种方案结合起来，从而在合理的时间之内选择出最优方案。

台电视机更好，还是装三台笔记本电脑更好，还是装一台笔记本电脑和四台平板电脑更好？这完全取决于具体的等值货币。事实证明，寻找完美的项目组合是一个非常复杂的任务（更多内容参见下文的"高阶任务"）。就目前已知的计算程序而言，没有哪个程序能够迅速完成这个任务。简单来说，有必要对所有可能性进行尝试，此外，没有速度更快的捷径（图 1-3）。

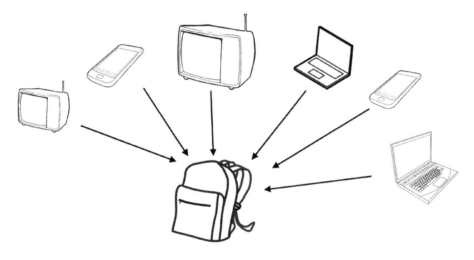

图 1-3　背包问题——为了获得最佳解决方案，应该选择哪些项目？

正如你所预期的那样，在诸如上述故事的情况下，人们几乎不会从科学的角度对背包问题进行思考。它真正的影响力可以在资源配置的许多领域和方面得到关注，譬如选择最佳投资组合——应该购买哪些股票（每个公司的股份应该购买多少），从而以你所喜欢的方式对储蓄进行投资：是稳定收益型股票，还是带有巨大预期利润的风险投资型股票？要不要再举个例子？如何以最佳方案对多种不同化学物质进行匹配，从而制造出一种清除特定病毒效果最佳的药物。

🚀 高阶任务：复杂性

是的，这是第一个高阶任务。为了便于理解，我们需要想想计算机是如何工作的。计算机仅仅是按照软件开发人员植入其中的命令运行的。无论这些命令的设计目的是什么（显示图片、计算开销、播放电影），你都会发现图形用户界面（GUI）背后所发生的一切行为皆是数学运算。计算机需要操作的运算越多，它所需要的时间就越多，就连最新款式的计算机有时也会运行缓慢。乘法是一种基础的数学运算，计算机科学家通常引用乘法作为案例去证明算法有多么复杂和耗时。运算过程中越需要用到乘法，算法的复杂性就越高。为了能够理解得更加透彻，我们将所有算法（技术）分成几种不同的类别。它们的定义非常复杂，所以我们在此不做详细讨论。我们可以将其简单地表述为两种主要类别：P（代表快速算法）和 NP（代表耗时算法）。阶乘运算的算法属于 P 类：因为就 $n!$ 而言，你需要执行 $n-1$ 次乘法运算，例如，$5! =1 \times 2 \times 3 \times 4 \times 5$，所以一共有四步乘法运算（$5-1$）。数字越大，所需要执行的乘法运算步骤就越多，但是计算步骤的数量仍然会小于输入值，我们将输入值记作 O（n）。P 代表多项式，表示完成指定任务所需要的时间。换言之，我们肯定能够在初始输入值的某些幂次数量的基本运算步骤之内完成算法，例如，O（n^2）或者 O（n^3）等。

另外，我们已经了解了前文探讨过的背包问题。我们来计算一下计算机需要执行多少步骤的运算。假设我们有十种物品可以选择。每种物品都既可以选择放入背包，也可以选择丢弃，形成需要核查的情况，这就为每种物品都提供了两种可能性：

	1	2	3	……	10
物品	（电视机）	（笔记本电脑）	（……）	……	10
放入包中?	是 / 否	是 / 否	是 / 否	……	是 / 否
情况的数量	2	2	2	……	2

尽管乍一看匹配方案的数量似乎很少，但是真正的问题却在于这些必须独立处理的两种情况的数量（因为我们无法以某些结果为基础去计算另一个结果，我们所需要做的是核查所有的可能性）。所以（为了将物品以最昂贵的匹配方案装进背包）我们需要计算核查情况的最终数量，因此我们需要将每种物品的所有情况相乘：$2 \times 2 \times \cdots \times 2$（10 次）$=2^{10}=1024$。你认为这个数字不够大吗？如果我们有 20 种元素需要核查（20 本身并不是一个很大的数字），那么系统需要核查的匹配方案的数量将会超过 100 万（2^{20}）；如果是 30 种物品，那么匹配方案的数量将会超过 10 亿（2^{30}）。对于数量更多的物品，匹配方案的数量会增加得更快。如果可以选择的元素的数量达到 58 种（对于普通商店货架而言，并不算繁多），那么将需要世界上性能最强的超级计算机［例如，国际商业机器公司（IBM®）生产的"巅峰超级计算机"（Summit）或者中国生产的"神威·太湖之光超级计算机"（Sunway TaihuLight）］花费一年的时间，才能找到答案。如果可以选择的元素的数量达到 270 种，那么需要核查的匹配方案的数量就无疑会超过整个宇宙中的原子的数量！这个数字是超乎想象的。背包问题（和其他许多问题）属于 NP 类型问题，其中这个缩略语代表着非多项式时间。目前尚无快速求解算法。这些问题也许永远无法解决，除非我们使用（那个充当人工智能技术基础的）启发法。

现在，让我们探讨最后一个话题。我希望你依然在读这本书，因为我将探讨令整个信息产业界最兴奋的话题。我们前文说到，简单来说，有两种算法：快速算法（P）和耗时算法（NP）。计算机科学史上最有趣的开放性问题之一是，是否 P=NP？换句话说，这两种类型的算法是等效的吗？是否每种复杂的 NP 问题都能采用（我们尚未知晓的）简洁、快速的方式解决？如果有人能够证明这个假设成立，那么他或者她将会发明能够简化任何计算问题的技术。假若果真如此，那么结果将会使我们已知的世界发生真真切切的变化。这不仅关系到更加迅速的应用程序、医疗研究的软件突破（处理诸如基因结构等大量数据）或者省时高效问题，银行业、通信业、军事以及更多领域也将会面临真正的挑战。这是因为世界上的所有安全系统都是基于（诸如生成或者验证素数的）某些问题是耗时问题的假设建立的。众所周知的是，所有系统的安全密钥并非基于机密算法建立的，而是基于必须集合全世界所有计算机运行数年才能破解密码的事实建立的。矛盾的是，计算机安全并非基于机密机制建立的，而是基于复杂性的理论建立的。如果有人能够在快速算法的时间内解决耗时算法的问题，那么他就能够轻易登录任何系统：从银行账户到核武器控制开关。积极的方面在于，这绝非一个能够轻易证明的理论。自从它在 1971 年得到初次描述时起，便从未遭到成功破解。尽管这个问题的赏金高达一百万美元，但是依然悬而未决。克雷数学研究所（Clay Mathematics Institute）在 2000 年发布了七个问题，其中 P=NP 的问题被称为新千年最大的数学挑战［因此称为千年奖金问题（millennium prize problems）］。

第五节　"我想玩个游戏"

你大概还记得这句出自一部恐怖电影的台词。但是当我们想起计算机时，游戏听起来更像是一种让我们感觉自己比数字机器更加聪明的娱乐和挑战。可能会出现的最糟糕的情况就是我们败给计算机，然后产生一点失落感。我们希望这种状况永远不会发生。

除了纯粹的娱乐之外，计算机游戏也在对技术和智力的测量方面具有巨大潜力。完全可以说，有些游戏的设计目的是在招聘环节对应聘人员进行测试，或者以研发出来的高级战术策略训练士兵，从而提升士兵的直觉、反应和能力，使其能够在复杂多变的环境中生存。我敢肯定你至少玩过几次电脑游戏，而且你肯定注意到想战胜人工对手并非易事（有些时候甚至毫无胜算）。当我们与由计算机领导的军队对抗时，我们经常战败；当我们在计算机上玩赛车游戏时，永远不可能赢得比赛的第一名。有些时候我们认为计算机比人类更加聪明，但是这并非事实。计算机的胜利是基于一个我们以前常常没有意识到的因素。计算机不仅控制着你的对手，也控制着你和对手所共同存在的虚拟游戏环境。人机对战并不公平，因为计算机的视野远远大于你的视野：赛车游戏中的角落后面隐藏着什么，（增长和扩张策略游戏中）最昂贵的资源储存在何处。计算机控制着游戏过程中的天气状况并随机制造困难。

如果你以困难模式启动游戏，那么你就会发现，事实上对手并没有比以前聪明多少，但是似乎比以前强壮一倍、迅速一倍，而且强大到超乎想象。没有真正隐藏的智慧。所有这一切通常都和源代码中设置的参数有关。如果有人完全掌控了你所在的世界，那么你胜利的机会就仅取决于他的仁慈。例如，无论你有多么优秀，系统都能生成额外的迷雾，使你无法完成任务。但是这些通常并非高级算法，你可以通过查询网络共享的数量惊人的游戏秘籍而对此有所认识。你似乎突然就能够（在骑射类型游戏中）大摇大摆地走在敌人面前而他却毫无知觉了，或者能够（在冒险类型游戏中）多次重复获得同一件物品进行销售（从而变得越来越富有）了。这些诀窍和技巧通常和游戏制作方在游戏中无意间留下的某些漏洞有关。这个漏洞只是控制游戏全局的许多算法中的一个意外的软件运行错误。这种游戏可以用于衡量我们的反应、知识或者智慧，但是无法反映计算机的智力水平。为了实现这个目标，游戏需要绝对公平，机器和玩家双方才能对环境具有平等的影响力。环境也不应该过于复杂，所以无须处理器和数字存储器对所有方面进行检测。科学家们最感兴趣的游戏类型是棋盘游戏。易于观察、理解和评估的棋类包括国际象棋、国际跳棋和围棋。这类游戏中的环境是不可改变的，只要掌握必备技巧以及具备一点运气，每个人就都能赢。正如我们今天所熟悉的，国际象棋规则的形成时间可以追溯到 15 世纪下半叶。然而，国际象棋最古老的形式则很有可能是在 1000 年前创造的。这些事实毫无疑问地使国王的游戏无可置疑地成为世界上最负盛名和傲视群雄的棋类游戏之一。顶级选手被视为明星，并且迅速成为非凡智慧和完美战略思维的化身。诸如艾曼纽·拉斯克（Emmanuel Lasker）、鲍比·费舍尔（Bobby Fisher）和加里·卡斯帕罗夫（Garry Kasparov）等人，在历史上占有举足轻重的地位，而且经常以粗体字特殊标明——不仅无人质疑他们在国际象棋领域的影响力，而且也没有人怀疑在世界文化和整个社会的影响力。这也是为何国际象棋很快就被冠以智慧之名的计算机（或者计算机的制造商）自然而然地被选择为本能挑战的原因。获得更加清晰和广泛评论的结果可能的确很难，但是社会学并非唯一的因素，第二个因素是复杂性。

关于国际象棋的起源有一个非常美丽的传说。这个故事发生在位于中东附近某个国王或首领的宫殿里。一天，宫里来了一位云游四方的科学家兼哲学家，他把新式棋类游戏献给了国王。当然，这个游戏就是国际象棋，二人你来我往地杀过几局之后，国王异常欢喜，决定赐予游访者任何他想

要的东西作为封赏。这位游访者拒绝了，说那是礼物。但是君无戏言，国
王坚持要对其封赏。后来游访者说他有一个非常精确的愿望：想从国王的
粮仓里拿与他所呈献的游戏等量的谷粒（图 1-4）。

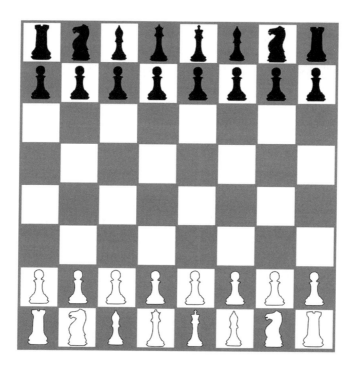

图 1-4　国际象棋棋盘的 64 块方格

　　他想为棋盘的第一个方块要一粒谷子，然后为每下一个方块都要上
一个方块双倍数量的谷子，所以分别是两粒谷子、四粒谷子、八粒谷子、
十六粒谷子、三十二粒谷子，以此类推。国王笑笑同意了。然而，国王的
几位数学家前来帮助计算时，国王才意识到他犯了多么大的错误。虽然乘
以 2 看起来不大，但这却是一个非常狡猾的运算（你也可以参见前文提及
的案例——高阶任务框架：复杂性）。这是因为棋盘上有 8×8=64 个方块。
如果你连续 64 次乘以 2，那么你最终（或者在最后一个方块上）将会得到

2^{64}=18 446 744 073 709 551 616 颗谷子。很快，所有人认识到，不仅在国王的全部谷仓里无法找到这么多谷子，整个世界也没有这么多粮食。这是国王永生难忘的教训。

这个传奇故事表达了国际象棋游戏的复杂性。顺便说一句：不要对这位古代国王太苛刻。他只是被既不可思议又不可名状的双倍力量而迷惑。相信我，因此入迷并非难事。如果我和你打赌，你无法将一张标准的A4纸折叠超过七次，那你会怎么做呢？你会不会接受这个挑战并且押上50美元作为赌注？先把书放在一边，找一张纸试试。我在这等你……你回来了。结果怎样？不，不，你不需要把钱寄给我。如果你把这本书买下来作为礼物送给朋友，我会更加高兴。所以让我们讨论一下细节问题。你怎么可能失败呢？当然又是因为双倍的潜在力量。如果你将一张标准A4纸折叠七次（假设你能够做到），那么它将会像一本 2^7=128 页的书一样厚，再将其折叠一次当然是不可能的事了。另外，这张纸的边长也缩短了128倍，这使下一次手工折叠成为天方夜谭。

国际象棋并非能够轻松驾驭的游戏。一场比赛共有两名棋手，白方棋手和黑方棋手，起始时每方棋手各有一组十六枚同色棋子。然而，这些棋子并非如同跳棋那样彼此均等。国际象棋共有六种棋子：王、车、象、后、马和兵。每种棋子都有自己独特的步法。即使六种棋子中威力最弱的兵，也会根据第一步（能够向前移动两个方格）、标准步（向前移动一个方格）或者吃子步（斜向前移动一个方格）而采用不同的步法。兵还有另外两种步法，称为"吃过路兵"和"升变"。王和车能够在易位时同时移动。国际象棋的主要目的是将死对方的王，这也是附加规则的特征。最后，就连游戏的结局也不是特别简单：除了经典胜利之外，至少存在几种会导致平局的情况，譬如，僵局、三次重复局面、50回合规则、局面和棋以及更多结果。所以，为了成为优秀的棋手，人们不仅需要旺盛的脑力，也需要诸如强大的记忆力（尤其是图形记忆力，从而使其能够记住历史棋局和取胜步骤）和数学技巧（因为下棋过程中需要精细分析和策略分析）等其他训练有素的能力。这些需求作为机器的最佳优势完美地表现为计算机特征。过目不忘的记忆力可以由容量大得多的数字存储器取代，而且更容易获得特殊信息（试着回忆一下本书封皮的颜色和上面的图片，然后测量一下时间。计算机回答这个问题则仅仅需要几微秒的时间）。此外，计算或者数学运算正是设计计算机的工作目的。所有这一切使工程师们清醒地认识到，挑战人类象棋大师的机器不仅能够被制造出来，甚至是信息技术革命之路上的必要一步。1996 年发生了翻天覆地的技术变革，国际商业机器公司推出了一款名为深蓝（Deep Blue）的超级计算机，后来成为第一台战胜同期世界冠军并且赢得了象棋比赛的机器。但是人类依然位居榜首，加里·卡斯帕罗夫赢得了三场比赛，并且在后续两场比赛中战成平局，最终以 4：2 的成绩赢得了比赛（在职业国际象棋比赛中，当挑战者出现时，以六场比赛结果的总成绩作为判定冠军的标准）。但是工程师们并没有气馁，而是在一年之后重新发起了挑战。焕然一新的深蓝［因进行了升级，所以私下绰号为"加强版深蓝"（Deeper Blue）］比第一版深蓝的运行速度快了一倍，在彼时位居世界最强计算机前 300 名，计算能力达到了 11.38 每秒十亿次浮点运算数。这个数值使它能够在每秒内分析大约 2 亿个象棋走位。由于得到了升级，系统能够提前模拟六至八步棋招，并且从中做出最佳选择。除此之外，计算机的磁盘存储空间中装载着各种各样的国际象棋理念。磁盘中收录了七十多万场大师级别的象棋比赛，可供深蓝系统在比赛中参阅，从而为下一步走位提供灵感。对于人类而言，这些数据过于浩瀚，难以承载。1997 年 5 月，卡斯帕罗夫以 3.5：2.5 的比分败北（平局赋 0.5 分）。尽管此次胜利仅为险胜（卡斯帕罗夫因为在最后一局即决胜局比赛开局时犯了一个错误而败北。但是他对这个结果持有异议，认为工程师在比赛过程中更换了系统模块，声称深蓝系统获得了外援或者外挂），但是质的突破却是无可争议的事实。原本属于国王和智者的棋类游戏，亦即代表着智慧和智力的游戏，至此却已然由机器所主宰了。一时间，人工智能这个词语进入各种语言系统，成为世界各地家喻户晓的词语。革命已经开始了……

然而，以现在的视角来看，我们需要强调一个至关重要的方面。事实上，深蓝战略并非我们在当今时代所了解的人工智能技术。这些大而沉重的数字技术机器里并不存在启发法的影踪。而那些令人难以置信的结果主要是以标准算法和一种名为暴力算法（brute force）的信息技术为源泉的。暴力算法没有技巧可言，仅仅是一种为了寻找解决方案而采用的直接而且朴素的方法（名字便由此而来），它不是针对数值或者任何可能在早期阶段成为合理方法的机会加以分析，而是对所有可能的情况进行系统性的核查。换而言之，深蓝的设计师们采用运算能力足够强大的计算机（提前六至八步）检测所有可能的象棋走位，从而寻找最佳出棋策略（尽管某些同时检测的走位并无意义，就连刚刚入行的象棋新手都不会采纳）。这次，深蓝的暴力算法以暴力在某些日常活动中发挥完美作用的相同方式取得了成功。当你买了一台新电视，它配有五个相同的插槽，而你却并不知道应该将线缆插入其中哪个插槽时，你是愿意花费几个小时阅读操作手册，还是会迅速地检查所有插槽？尽管两种方法都会使线缆连接成功，但是你很可能会选择第一种方案，从而节省时间、精力和创造力。这与信息技术所采用的暴力算法的背后原因如出一辙。但是只有当待查情况的数量所消耗的检测时间能够控制在我们愿意消耗的时间长度之内时，暴力算法才会发挥作用。如果我们乘车旅行时停在十字路口寻找终点，那么我们更有可能查阅地图，而不是漫无边际地逐条街道寻找目标。如果你尝试制作一份新的食品而不确定应该将每种食材以多少分量放入调和容器中时，那么我们就宁愿对所有食材认真计算和思考，而不是针对每种不同的配方各准备出十几碗食品。因为我们根本不可能白白扔掉几十碗粮食。同理，有许多计算机应用程序（多数程序）令暴力算法无法施展，其中也包括了计算机棋类游戏。

人们在很早的时候便发现，围棋是一款无法采用暴力算法解决的游戏。围棋于 2500 多年前起源于中国，自诞生之始便在东亚地区成为最受欢迎的游戏。正如国际象棋在西方受到尊崇一样，东方人将围棋与智慧和尊贵联系到了一起。在中国古代，琴、棋、书、画齐名，列为贵族艺术教育的四门必修课程之一。这也许会令人感到惊叹，但是惊叹之感仅仅存在于初次试手之前。围棋有种独一无二的特征，既让古代帝王痴心，又令现代科学家着迷。它既易如反掌又难于蜀道，简直令人难以置信。这怎么可能？不要把书放下，听我慢慢道来。

和国际象棋如出一辙的是，围棋比赛有白方和黑方两位棋手，但是围棋的规则却限定黑方开棋。至此，两者的相似性便走到了终点。与象棋多种多样的棋子有所不同的是，围棋的棋子仅仅是形状相同的石头。棋盘采用十九条纵横交错的平行线绘制而成，每个线条的交叉点都是一个可以落子的位置。换句话说，标准棋盘由 19×19 条线、共 361 个棋位组成（图 1-5）。围棋的获胜标准是，在遵循下述两个（主要的）简单规则的前提下，获得（包围）比对方更多的棋盘面积。

被对手的棋子包围的棋子需要（作为俘虏）从棋盘上移除。

落子的位置不可重复使用。

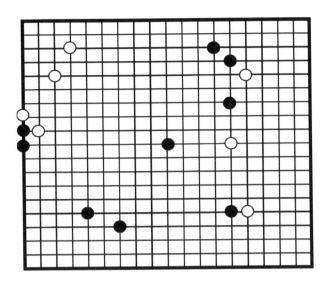

图 1-5　棋盘的 361 个棋位（交叉点）

　　双方棋手交替落子，如果一方的棋子成功包围了对方的某颗棋子，便可将对方的受围棋子从棋盘移除，并且将其记作得分（在比赛结束时计入总分）。第二条规则用于避免重复进行无聊走位（和国际象棋中的一个平局规则类似），从而使比赛更加具有趣味性和挑战性。你的大脑一刻也不能停歇。你无法两次采用同样的技巧吃掉对手的棋子。你每次都需要构思并且采用新的策略制敌。从你需要为制胜棋招而布置的可能组合数量的角度来看，相对于国际象棋而言，围棋要复杂得多。这种情况的根源在于，棋手会在国际象棋中受到诸如棋子移动方式等规则的限制，而在围棋中却能够在棋盘上的任何位置落子。所以当我们研究国际象棋的前两步走位时（每位棋手各一步棋），会发现共有 400 种可能性：你可以通过将八枚兵中的一枚向前移动一格或者两格的方式开棋，这样你就拥有 16 种选择，而且每枚马均有两种走位可行，所以一共是 20 种走位。黑棋也是如此，所以结果便是 20×20。在围棋竞技时，你可以通过在碁盘（棋盘）上的任何棋位落子的方式开棋，所有 361 个棋位都是可用的。你的对手可以在除了你已经选择的棋位（你的棋子占据的棋盘位置）以外的所有棋位上落子，这样就拥有 360 种可能性。所以开棋时的前两步可以有 361×360=129 960 种方式，比国际象棋多出 300 多倍。我们进一步思考会发现，这个数值更加令人惊叹。比赛过程中可能出现的所有落子情况远远大于 10^{1000}，那就是 1 后面有 1000 个零，所以这个数字大概要花费整整四页纸才能写完。这也就是说，由不同环境的不同棋手竞技的完全相同的（落子顺序的）比赛的概率是 1：10^{1000}。相比而言，连续十亿次在国家彩票中获得大奖的概率会大得多。这个数值和我们的认识与想象之间存在偏差。试着想象一下，棋手在遇到比宇宙中的原子数量庞大得多以至于难以想象的数字时，很快就会失败。让我们绕开令人头疼的问题迅速跳到下述结论吧：如果你想跻身国际象棋顶级棋手之列，那么数学技巧和强大的记忆力可以对你有所帮助，但是对于围棋而言，这两项能力却无计可施。

正因此，暴力算法的计算机技术在此毫无用武之地。因为就围棋而言，机器需要核查的选项数不胜数。一枚棋子能够使另一块棋盘的战局彻底改变，所以检测棋盘的部分区域亦非良策。若想成为优秀的围棋赛手，棋手就需要方向明确地对想象力和整体局势的分析能力进行开发，以此才能够预见所谓的宏观大局。换句话说，棋手需要从宏观的高度对当前局势进行精确描述，而不应该在那些会混淆格局的细枝末节上纠缠不清。值得一提的是，我们在日常生活中也要注重大局。我们在开车时，就需要眼观六路、耳听八方。我们不仅要握紧方向盘，而且要时刻关注仪表盘的数值和指示灯。当然，我们也必须注意马路周围都在发生着什么。如果我们对任何一个方面关注过多的话，就可能会对其他方面有所忽视，从而造成交通事故。我们需要在各个方面分配精力，将状况看作一个独立的整体事件——局势。

在交际活动中，尤其在商业领域的交际活动中，人们也习惯以类似的策略对各种问题和各项话题进行理解。

我们的世界充斥着形形色色无法规避的信息。无可辩驳的是，现代人每天所接触的信息量都远远超过我们中世纪时期的祖先一生所获得的信息总量。所以，如果你的上司走到你的办公桌旁问道"情况如何？"，那么他绝对不希望你用半个小时的独白描述你一天的所有事务和你所采取的种种解决方案。上司真正想听到的并非啰唆的细节，而是整体局势，是能够让他对你所在部门的状况感到舒服的几句话。宏观视野和整体设想是人类思维的本能特征。我们可能对其中某项事务具有天赋或者缺乏能力，但是不可否认的是，它们是每个人都不可或缺的元素。假若缺乏这些元素，我们就无法像现在这样生活。这就是即使孩童也能很快学会围棋的原因所在。另外，由于围棋与计算能力之间并不存在关联，所以围棋是令计算机难以企及的任务。这使我们对人工智能和计算机科学得出一个颇为有趣的整体结论：

但凡对人类而言易如反掌的任务，对机器而言都难于蜀道，反之亦然。

运算是计算机的专长。计算机进行数学运算的速度令人类永远都无法企及。但是与此同时，机器的能力在面对日常生活的种种挑战时却显得捉襟见肘。尽管人类的驾车历史长达数十年，但是自动驾驶（计算机驾驶）汽车仍然处于较为原始的阶段。我们可以向朋友简单描述看过的电影，而由计算机整理的概述信息却不仅错误连连而且常常丢失重要细节。围棋比赛所属的一类问题具有共性：虽然简单易学，但是需要棋手拥有丰富的想象力和广阔的视野。这就是计算机围棋程序在长达数十年的时间里连中等水平的人类棋手都无法战胜的原因所在。几年前，当有人提出这个问题时，多数世界顶级人工智能专家都给出了同样的答案：我们至少需要二三十年才能在这个问题上取得突破。但是时至 2016 年年初，我们都认识到了自己有多么荒唐……

大约在 2016 年 1 月底，欧洲围棋冠军范辉在与同一对手的比赛中仅以几步之差连续五次败北。与以往所有对手有所不同的是，这个对手是由谷歌旗下的深度思考公司，一个名不见经传的公司的一些工程师开发的一款名为阿尔法狗（AlphaGo®）的计算机程序。这场史无前例的胜利旋即为 21 世纪第二个十年之内的一项屈指可数的伟大成就被公布于众，而且领军性科技杂志《自然》（Nature）亦将此事刊登在了封面之上。整个人工智能领域都屏住呼吸，不仅因为阿尔法狗开创性地战胜了专业围棋赛手，更因为他们对即将发生的事情满怀激动。经过进一步改良之后，时隔三个月，阿尔法狗对阵围棋史上公认的实力选手之一——韩国李世石。最终结果是机器以 4∶1 获胜，这使人们对人工智能和人工技术的看法发生了永久性的转变。当人们谈论强人工智能的话题时，不再问是否，取而代之的是何时。阿尔法狗能够在比赛过程中的关键时刻以大局为重，牺牲棋盘上某些区域的棋子，从而在其他区域赢得优势。最令人着迷的是，阿尔法狗成功地以人类未曾有过的走位完成了步步落子（程序无法通过案例学习），这是宛若人类创造力的真正光辉。尤其是，有两步走位将会在未来的数十年间在围棋世界里得到效仿。其一是由机器落子的第 37 步走位，既极为罕见又颇为特殊，以至于担任本场赛事现场直播的高级评论官最初都将其视为错误。为了寻找对策，李世石不得不离开赛场 15 分钟。尽管如此，这一步完美落子依然使计算机赢得了胜利。其二是第 78 步走位，这令人惊叹的一步落子并非由阿尔法狗完成的，而是由它的人类对手完成的。

尽管李世石处于极为不利的劣势地位，但是经过半个小时的思考之后，他将一枚棋子落到棋盘中央附近，这使整个比赛的局势迅速发生了转变。这一步令人惊艳的走位使其获得了职业围棋赛手领域的"神来之手"的美名。为什么要在此列举这两步落子的走位？我就是为了让你看看幕后的真相。我们经常探讨人工智能对我们自己的影响。机器会成为人类的主宰吗？机器最终以 4 ：1 获胜，这样的比赛结果听起来十分悲壮。但是考虑一下这两步走位，你就会发现，虽然阿尔法狗有一步令人惊叹的落子，但是遭到机器挑战的李世石也将其思想提升到了新的高度，从而从所有的固有规则和习惯中释放了自我，进而冥想出了一步史无前例的走位。无可辩驳的是，这场比赛使他得到了升华，成为一名更加优秀的棋手。所以，人工智能何尝不是在帮助我们进化成更加聪明、更加智慧、更加完美的人类呢？！

第六节　我们已经到达那里了吗？

阿尔法狗的成功表明，在你阅读这句话的当下，科技领域正在发生着变革。无论你对这个话题抱有何种观点、怀有何种感受，我们都要接受弱人工智能解决方案已然无处不在地深入了我们生活中的事实。科技正在越来广泛地覆盖到人类日常生活的方方面面。我们习以为常的活动接二连三地由软件取代执行了。计算机永远不知疲倦，更不厌其烦。尽管机器也会犯错，但是远比人类犯错的概率低，而且永远不会受到感觉、恐惧和欲望的驱使（因此不会因为情感问题而自我设限）。但是重中之重大概在于，和人类有所不同的是，机器不仅永远不会停止改良，而且不会随着岁月的沉淀而改变态度，它会全心全意地对既定的工作任务鞠躬尽瘁。机器的能力既不会流失也不会遭到淘汰。高级计算机系统会不断得到拓展和升级，而此前开发的任何技能都不会丢失。

我们的技术和能力会随着我们年龄的增长而发生变化。年轻人通常可以表现为身体和头脑都拥有力量。当看到参加奥运会的运动员或者同时在几个项目上奔波的员工的平均年龄时，你绝对不会感到惊讶。为表彰在数学领域做出杰出贡献的人而设立的最负盛名的数学奖是由国际数学联盟的国际数学家大会每四年颁发一次的菲尔兹奖，亦称数学界的诺贝尔奖。菲尔兹奖有一个有趣的规定：其最高殊荣仅可（在每年 1 月 1 日）颁发给 40 岁以下的参评人员。尽管菲尔兹奖的最初目的是早些向人致敬，以此鼓励获奖者再接再厉，但是 40 岁的限度显然和普遍趋势有所吻合：大多数突破性的理论和明智的解决方案都是人类前半生的杰作。但是如果你已经 41 岁了，也不必担忧。我们的成长之美在于我们会不断收获，我们的能力会不断提升。年轻人身强体壮、精力充沛，但是缺乏知识和经验，这些都是生存所必备的进化策略。人们往往会在年轻时尝试新的方法，而其中多数是错误的，所以我们在此阶段需要拥有额外的体力。当你年龄稍大一些，便可以利用生平所学的种种策略去实现个人目标了。

知识自然而然地就成为你的新力量。这就是为何成功通常都和中年人有所关联的原因。他们通常都是各自领域的专家，也是雇主用以领导重点项目而招募的专业人士。即使聪明绝顶的年轻人也无法取代他们在多年的尝试和失败中所积累的知识。但是当他们年长一些接近退休时，便越来越无法跟上最新的时代潮流和解决方案了，并且因此难以位居高级专家的宝座了。但是重要的是，他们不再需要那个座席了，他们的知识慢慢化作了智慧。那是他们一生的经验，也是以不同以往的高度对更加广阔的世界进行俯瞰，对人类、社会以及自我进行解读的能力。最有趣同时也最乐观的是，这三代人彼此之间不可或缺、相依相存。在我们有机会观察和研究的最原始的社会即亚马孙丛林中一些与世隔绝的印第安村庄里，既有负责为部落狩猎和确保生活资源的年轻人，也有负责领导年轻人并且指导和协调年轻人完成重要工作和任务的中年人，还有一个由沉默寡言的长者组成的委员会，负责和当地的巫师一起制定重要决策和扮演社会法庭的角色。如果部落中承担任何分工的部门有所缺失，那么这个村庄都无法在丛林中生存下去。

正因如此，最成功的项目都是由不同年龄和经验的人所组成的团队完成的。有些事情需要迅速地按时完成，有些事情需要深层分析和专业视角，而有些事情则需要根据公司的总体战略和长远目标制定决策。就体育运动领域而言，如果没有老练的教练进行指导，就不会有运动员能够获得金牌。这种关系在奥斯卡获奖影片《心灵捕手》(*Good Will Hunting*)中得到了完美诠释。影片中的团队由三个人组成：一个涉世未深的青年天才、一名专业教练和一位利用智慧帮助门外汉改变一生的年长理疗师。

机器最大的优势大概在于，能够将极端的分析和计算技术（力量）、不断拓展的经验（基于越来越多的案例分析所积累的知识）和全局视野（从无数可用资源中获得的智慧）结合起来。但是前提是它需要达到强人工智能的水平。然而，即使达到这个水平，机器也很难完成人类最自然的活动。对人类而言易如反掌的事情，却令机器无计可施，反之亦然。我再次提起这个结论仅仅是为了确保你能够将其深深地印入脑海之中。如果我让你从本书中挑出一个句子，我会选择这句话。这不仅是出于对技术原因的考虑，而且也考虑到隐藏在其内部的深层思想：作为人类，我们是特别的，对我们而言微不足道的行动，对科学家和工程师而言却是在数字大脑中执行的最大挑战。想想你运气不好的时候，就连最强大的机器在面对你的日常任务时也无计可施。

　　我最喜欢采用的一个展示人类思想优于机器的例子是最初由安德鲁·弗兰克（Andrew Frank）于 1990 年撰写的著作中提出的"水族馆的比喻"（aquarium metaphor）。故事是这样的。随机假设有两个人，或者干脆假设你本人和你最要好的朋友，周日去一家大型水族馆游玩。你可以轻而易举地透过小型房舍般大小的大型玻璃墙看到水族馆里有成千上万加仑（美制 1 加仑 =3.785412 升）的水和成百上千条形形色色的游鱼（图 1-6）。你有身临其境的感觉了吗？太棒了！现在你们两个人以几步之遥的距离驻足欣赏着这个水底世界。如果计算机做同样的事情，那么至少会遇到三个关键问题。首先，由于没有测量工具可用，所以计算机很难采用（作为所有机器分析基础的）数值参数对某条鱼的位置或者其他信息进行精确描述。其次，（由于水体浑浊、光线反射以及鱼类不仅游动迅速而且会快速改变方向）水族馆的环境不仅含混不清，而且复杂多变，这两种情况都使鱼类的

图 1-6　水族馆的比喻

确切位置难以被确定和追踪。最后，由于你们二人间隔几步而立，所以在观察同样的情况时所采取的角度有所差异。所以对你们各自而言，鱼类的位置大概会有所不同。有些动物对你是可见的，而对你的朋友则是隐（藏在岩石之后）而不见的。感知本身也是一种因人而异的能力。我们每个人都会看到不同数量的颜色，而且拥有特定的色调敏感度，比如，某些人眼中的蓝色也许会被其他人描述为蓝绿色。科学研究明确地表明：女性通常更加善于辨别色差，而男性则更加善于识别细节和追踪移动目标。据说这分别是由于食物采摘和狩猎所主导的早期人类生活方式的进化选择所产生的结果。最后，我们每个人都有彼此不同的生活经历和教育程度，并且在各自的人生词典里存储着数量不同、类型各异的词汇。所有这一切都影响着我们感知和描述周围世界的方式。

但是令人惊叹的是，尽管我们各不相同，尽管水底世界复杂多变、含混不清而且难以预测，但是当我们谈论任何一条感兴趣的鱼时都毫无难度，而且我们的语言能够得到水族馆里的同伴的完全理解。尽管各方面无疑还存在着会阻碍系统对情况进行分析的问题，但是我们却都能够不费吹灰之力地、自然而且直观地进行交流。这个简单的比喻不仅证明了我们人类拥有非凡之处，而且证明了人工智能领域的工程师们仍然具有大量工作需要完成。对我们简单可行的事情却令机器一筹莫展。那么我们何时才能实现下一次重大突破呢？有人说要等到三十年之后，但是也有人提醒我们当初对围棋的判断便有些悲观，并且认为我们在随后几年之内便会取得重大进展。无论孰是孰非，都有一件事情可以肯定，那就是，世界迟早会发生翻天覆地的变化，而且让世界彻底改变的钥匙则掌握在我们手中。

✎ **要点**

- 人工智能可以划分为两类：弱人工智能包括当前所有模仿（模拟）人类单一能力、技术或者感觉的应用程序；强人工智能和能够模仿完整人类的未来系统有关，其特点是具有意识、自我意识和感觉等。

- 意识是指对自己身体的知觉，以及感知周围世界的能力。自我意识是对自己的意识的认识和理解。虽然多数动物拥有意识，但是只有人类和（诸如海豚之类的）少数物种拥有自我意识。

- 检测一个系统是否真的具有智慧的方案之一是图灵测试。如果你无法在网络交流中分辨自己的交流对象究竟是人还是机器，那么系统就通过了图灵测试。图灵测试是在 1950 年提出的方案，但是截至目前尚未有任何程序通过测试。

- 标准算法仅是为了获得具体结果而需要遵循的精确的步骤序列。启发法是一种为了帮助解决各种问题而提出的方法或者建议。

- 当我们利用人工智能进行工作时，我们需要告诉机器工作内容，而不是详细地向机器解释工作方式。这成为探讨现代计算机编程的全新视角。

- 背包问题是一个众所周知的耗时的任务案例，它是指利用这些组件并且对其进行整合从而获得最佳选择。

- 在多数计算机游戏中，机器不仅掌控着我们的对手，也掌控着整个环境。也就是说，无论你多么优秀，你获胜的机会都取决于系统属性的原因。棋类游戏为所有竞技对手提供平等的环境，这就是其会受到人工智能工程师青睐的原因。

- 国际象棋对强大的记忆力和数学能力有要求。1996 年，国际商业机器公司（IBM）研发的深蓝超级计算机以 3.5 ：2.5 的比分战胜了当时的国际象棋世界冠军加里·卡斯帕罗夫。

- 围棋需要棋手具有想象力和预见大局的能力。围棋远比国际象棋复杂得多，例如，围棋前两步落子的走位有 129 960 种可能性，而象棋的前两步走位却只有 400 种可能性。
- 围棋的落子步法超过 10^{1000} 种，这个数字超出了人类的理解范围。
- 谷歌集团旗下的深度思考公司研发的阿尔法狗系统以 4 ：1 的比分战胜了历史上最强大的围棋赛手之一李世石。有人认为，由阿尔法狗落子的第 37 步著名走位具有如同人类创造力一样的真正光辉。
- 人类的能力在生命周期内不断进化，始于力量，经过知识，终于智慧。机器的最大优势是拥有能够将力量、知识和智慧整合的潜力。
- 水族馆的比喻证明了人类拥有在日常工作中超越机器的优势。对人类而言易如反掌的事情，对计算机而言则往往难于蜀道。

✎ 你的笔记

第二章
神经网络——计算机
内部的头脑风暴

人类的大脑是不可思议的。这个无色的果冻状器官的质量仅有一千克多一点，却负责收集并且融合来自（视觉、听觉、味觉、嗅觉和触觉）五种不同感官的信息，同时监控我们的身体状况，从而确保（从心跳到消化等）内部进程的步调能够一致。但是这仅仅是刚刚开始。大脑也是我们各项活动的源头，比如打牌、吃饭、散步或者跳舞，无论何时，初始信号都是直接源于大脑。天生的本能也藏于此处，譬如，当一只个头很大的野猫在你面前横穿道路时，你的眼睛会立刻识别出危险物体，几乎在同一时刻，会有一份剂量的胰岛素得到精确测量并释放到血液之中，从而为你提供战斗或者逃跑所必备的额外力量。最后，大概也是最令人着迷的是，大脑是存储我们的记忆和所有习得的知识的器官。

人类在有生之年所创造出的全部著名推理、缜密分析和伟大发明，全部诞生于脸庞后面这个甜瓜大小的小盒子里。有些时候我们会因为犯了一些明显的错误或者在出门之前忘记关掉熨斗而认为自己愚蠢。但是事实却是，我们每个人都是一个奇迹。你的视力能够在眨眼之间处理动态的超高清图像，你能够参与足球之类的团队游戏，你还能够毫不费力地阅读和理解本书。尽管投入的研究经费可达上百亿美元，但是迄今为止尚未有人创造出一台能够出色地完成上述任务的计算机。

大脑也是科学研究所遇到过的最复杂的结构之一。当然，简单来说，大脑是一个由大约 900 亿个名为神经元（neurons）的特化细胞组成的复杂的网络结构。这些神经元之间的存在关系的逻辑基础依然是一个未解之谜，大脑结构（在人类的生命周期内）变化的细节以及大脑与知识、记忆和行为进行关联的方式也都是未知谜团。然而，医学的进步使我们能够对大脑中负责每种感觉的具体区域进行鉴别，也使我们能够诊断出这些区域是某些疾病的源头（因此，我们会越来越多地听到诸如用于成功治疗阿尔茨海默病或者帕金森症的大脑植入技术）。然而，我们的知识仍然局限于这个器官较大的局部组织，我们无法对作为整个结构的基础的单一神经通道进行理解和诠释。我们无法读取、预判或者植入任何人类思想。对再生机制的研究也是一个非常有趣的论题。在医疗案例中，存在一些病人（在癌症治疗手术或者严重事故中）尽管失去了大脑的重要部分却依然能够完全康复的例子。此外，神经元的数量每天都在减少。不同的资料显示，在人类生命中的一天之内就有几百到上万的此类细胞死亡。但其积极的方面在于，我们会在成长的同时获得知识和智慧。所以，神经通道似乎会随着我们的学习和成长变得更有效果和更有条理。关键事实是，单个神经元并不会起很大作用，它们更像是从传入的线缆中收集脉冲并在到达的脉冲足够大时被激活（从而自己向外传送脉冲）的传送装置。此处并无魔法可言。你可以按照下文对神经元通道的模型进行构想：一个颇受欢迎的婚礼环节是，通过将一瓶香槟倒入位于酒具顶端的玻璃杯中的方式进行注酒（图 2-1）。

香槟到达一定的高度（即漫到玻璃杯边缘）时，便会从玻璃杯中溢出，流入位于下方的玻璃杯内。我们可以说，玻璃杯被激活了，然后向所有与它相连的玻璃杯（神经元）发送了一个信号。（除了位于顶端的玻璃杯以外）每个玻璃杯都从几个不同的来源接收到了香槟（到达的信号），而且只

图 2-1　婚礼上的酒具"金字塔"

会在香槟（到达的信号）的总量超过具体水平时被激活。顶部的玻璃杯是
被香槟注满的，我们可以恰如其分地将其比喻成神经网络输入层，信号从
外界（通过人类的感觉器官）直接到达的第一批神经元，我们将在后文中
对此进行深入研究。此处需要记住的重点是，单个神经元的工作方式极其
简单，因此绝对不足以管理我们的思想、希望和恐惧。人类思想的真正力
量是潜藏在神经元之间的通道中的。每个神经元平均和大约 7000 个其他细
胞相连。记住这一点，你就会迅速意识到这些名为突触（synapses）的通道
的总量可以达到难以置信的 10^{15}，即 1000 万亿。这个数字有多大？如果叠
加这个数量的一便士硬币建造一座塔楼，那么塔楼的高度将会超过从地球
到太阳的距离的 7 倍！突触传送一个电信号，如果这个信号整体足够强大，
那么就会激活与其相连的神经元。整个结构极其复杂，难以详细研查。假
设婚礼上的酒具"金字塔"的体积有地球那么大，那么仅就视觉意义而言，
从香槟瓶中倒出来的人口就会达到英国和澳大利亚的人口总量。

　　人类大脑的最重要特征之一是识别模式的能力。模式（pattern）是一种相对于我们所看见、听见、嗅到、尝到或者触摸到的所有事物而言的体系、观念或者模板。模式是由我们的大脑在我们的生命周期内积累知识和经验时创造的，我们可以将其视为学习过程的结果。假设你在大街上听到一声尖叫，那么你会不自觉地停下脚步，小心翼翼地查看四周。这就是模式识别起作用的方式。首先，（尽管每个人的叫声会略有不同，但是）你的大脑会立刻将声音鉴别为尖叫声，然后，将尖叫声划分为通常与某种危险有所关联的元素。再举一个例子。你常常能够迅速地在人群中发现好友。这是因为当你和好友共度时光的时候，彼此有了了解。你的大脑建立了一种能够在未来识别朋友的模式，在他或者她的面容、身材、步伐（有时人们仅仅通过脚步声就能判断出熟人来了）、（打电话时的）嗓音、姿势以及日常着装（人们常常能够因为我每天都穿的夏威夷汗衫迅速认出我）等方面发现一些特点。当然某些人类识别之类的模式是凭借着直觉形成的，而某些模式则需要通过额外的研究才能针对具体问题达到完美效果，这正是我们通常通过学习才能理解的事物。所以，想成为一个好厨师，并且能够在准备美味大餐时对各种味道和气味进行快速鉴别，就需要付出一些时间。无独有偶，音乐爱好者在听到旋律的几个音符之后就能鉴别出曲风和歌手，因为这些音符与其多年欣赏各种歌曲所形成的序列模式相配。

　　训练有素的拳击手有时能够预判并且格挡来自对手的攻击（此处并无第六感）这只是他在此前的几十场拳赛中学到了特定的招式。他仅仅通过对手站位的轻微变化或者对手的眼神等（包含你我在内的业余爱好者完全无法注意的事情），就能够识别出对手准备进攻了。当人们学会英语阅读之后，模式识别就会变得非常简单了。英语阅读都是以单个的大写字母开始的。刚开始的时候，孩子们通常会将 W 与 M 混淆，将 P 与 B 混淆，或者将 E 与 F 混淆。这是因为在最初的学习过程中，大脑会迅速识别出由许多独特元素所构成的字母。这就是人们通常会迅速记住 O 和 I 的原因。

因为 W 和旋转 180° 之后的 M 特别相似，所以在开始认字的时候这两个字母大概会非常具有挑战性。然而，所有的疑问都会在学习过程中很快消失。此外，人们能够阅读采用各种字体、型号或者颜色书写的字母。尽管笔迹是个人独一无二的特征之一，但是我们也能识别笔迹（例如，在许多法庭案例中，笔相家对笔迹进行分析，然后笔迹便可成为有效的呈堂证供）。所以我们能够读懂与学校启蒙读物上印刷的字母完全不同的字母。太奇妙了。因为这依然令计算机遥不可及，所以人们通常将仿笔迹图像用作验证码测试的基础。你大概已经遇到过很多次这样的验证码了，但是可能从未将其与人类不可思议的能力关联起来。你希望在某些门户网站创建账户或者请求额外的网络数据时，通常会在表格底部看到验证码的元素。

验证码的理念是，确保填写表格的是人，从而避免由那些可能会（以过速消耗诸如内存或者网络连接能力等门户资源的方式）导致门户网站堵塞的编程机器人或者病毒创建成千上万的请求。计算机通常会在验证码中向用户展示一个带有一两个（笔体怪异得令机器无法识别的）词语的图像，并且要求用户将词语填写到图像下方的小方框内。当你按照要求操作时，你便向系统确认了你是一个活生生的人。如果我们对此进行思考，那么我们很快就会发现验证码的理念多多少少和图灵测试的理念有所关联，但是图灵测试的理念却是截然相反。图灵测试是由一台机器向人类证明它的人性。这就是人们有时将验证码称为反向图灵测试的原因（图 2-2）。

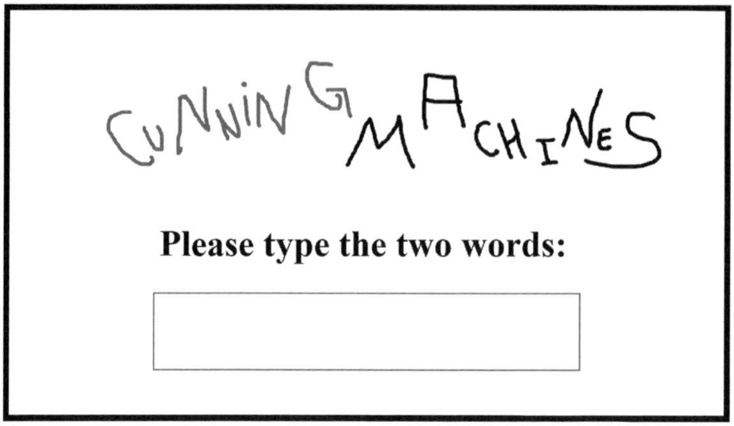

CUNNING MACHINES

Please type the two words:

图 2-2　一个验证码测试

第一节　万物皆为数字

在继续深入探讨人工神经网络（和所有其他人工智能方法）的具体工作方式之前，我们需要先行了解一番计算机科学的基本规则。这条规则初看似乎既清晰又明了，你甚至会因为读懂了规则所描述的技术难度而一时间不知所措，但是我们仍有必要在此对其进行回顾：计算机是一台用于计算的机器，任何由计算机处理的事物一定是数字，确切地说，是由 0 和 1 构成的序列。这种所谓的二进制系统（binary system）只允许采用两种符号去表达每种数值（例如，二进制系统中的 101 相当于我们日常使用的十进制系统中的 5，更多细节参见"高阶问题"）。二进制系统既可用于存储器的数据存储也可用于在当今时代所使用的任何电子设备中执行所有运算。这是一种能够被笔记本电脑、平板电脑、数码相机、手机、MP3 播放器、智能手表、汽车系统和家用电器识别的语言。

当你拍照片时，真实场景的图像就会转化成一个由数字构成的长长的序列（阵列）；当你录制人声时，语音也会转化成能够存储和分析的数字。计算机没有视觉、听觉或者感觉。当我们进行深层研究时，我们很快就会发现实际上计算机所做的一切都仅仅是加减运算。所有令人惊叹的视觉效果和应用程序都是描述原始数字组合方式的软件程序的结果。当然，如今的软件工程师无须（像 60 年前那样）针对数字序列进行操作了，而是使用编程语言和编程工具将（容易书写和翻译的）单个命令转化成能够控制处理器基本行为的低级数字语言。无论是文本、图像、声音，还是视频或者网站，一切都是数字。从技术的角度来看，一切完全相同，即都是以二进制的符号（由 0 和 1 构成的序列）记录的值。所以真正重要的是用于储存或者处理这些值所需要的（存储器的）空间容量。图像或者照片的质量越高，所需要的数字序列就越长。

通常，纯文本是最简单的。一个拉丁字母、数字或者任何（诸如逗号之类的）其他键盘符号都需要八个名为"比特"的二进制值。以不同方式填充8 个二进制位存储器的可能性有 256 种，计算机设计师在 1963 年推出了第一版采用特殊符号标记与其相配组合的 ASCII 码表（美国信息交换标准代码表）。一个字符需要 8 个二进制位或者 1 个字节（1 个字节 =8 个二进制位）的存储空间，所以这就是你在计算机中储存"1"或者"A"所需要的空间。这个空间并不大。你拥有 1KB 的容量就能储存一千多个字母。照片的大小通常大于 1MB（1MB=1024KB）。如果你对原因感到好奇，那就想想当今的摄像机所能提供的难以置信的颜色数量和像素数量，这些颜色或者像素都必须能在计算机中表达。显而易见的是，作为图片序列的视频甚至会更大（最新的电视机甚至能够支持每秒 300 帧，从而使画面尽可能自然和稳定）。

那么，为什么理解信息技术中万事万物的二进制背景如此重要呢？因为无论我们采取何种弱人工智能解决方案，我们都是以数值的序列作为输入信息的。例如，假设我们向人工神经网络展示一张字母的图像，让它自动从警方的监控设备中读取车牌，那么我们首先就需要将所见图像转化成网络能够操作的简化的数字序列。让我们看一个恰如其分的案例（图2-3）。假设我们正在教人工智能识别图片中的字母，就比如是字母 J 吧。首先将图像分割成小块（本例中是 16 块），使其更加易于分析。然后将每个含有一部分字母的小块都涂成黑色，而其余的小块则都保持白色不变。现在基本接近尾声了：将所有黑色小块都标记成 1，将所有白色小块都标记成 0，于是我们得到了一个由 0 和 1 构成的 4×4 的表格。将这些数字逐行写下，我们最终就会得到一个代表原始图像的序列。

0	0	1	0
0	0	1	0
1	0	1	0
1	1	1	0

图 2-3　从字母 J 的图像到数码值 0010001010101110

🚀 高阶任务：位置系统

无论是在工作中，还是在许多其他日常活动中，我们都会使用数字。如果没有数字，将很难想象生活会是什么样子。无论是为了使其清晰易懂，还是为了节省空间，了解一种有效记录数字（例如，在计算的时候）的方法是非常重要的。古人很早就知道画七个紧密相连的象形符号（譬如：△△△△△△△）绝非最聪明的方法（尤其是考虑到彼时的纸莎草纸的昂贵价格时，我们一定会做出这个判断）。（一个非常有效以至于我们至今仍在沿用的）既简单又聪明的方法是，不仅采用图形符号本身而且采用图形和其他符号之间的位置一起来表达数值。这就是我们称这些技术为位置符号或者位置系统的原因。每个系统都是以基数（base）为特征的，基数是在记录任何数值时所采用的一些独一无二各不相同的数字。我们通常使用十个数字：0、1、2、3、4、5、6、7、8、9。这是在世界各地通用的数字系统，即十进制系统。每下一个数字都代表着一个递增的数值，当到达 9 并加 1 时，原位便重置为 0，前一位的数字加 1。这非常简单，我们每天计数时都会这么做：

322

323（最后一位改变）

324

……

329

330（最后一位重置为 0，前一位加 1）

值得注意的是，数字本身并不会定义系统。数字的形状和顺序是由公元 10 世纪前后从中东进入欧洲的早期理念经过成百上千年的书写进化所形成的结果（所以，时至今日，我们仍然称其为阿拉伯数字）。中国和日本的数学家所使用的数字看起来完全不同。

在计算机科学中，由于（正如本章开篇处的文本所提及的）在 0 和 1 这两种均能表达数据的状态之间进行区分的技术方法以及这两种状态的组合所能代表的（有信号或者没有信号）的活动，所有磁盘存储器或者处理器硬件操作中所产生的变化都能够实现。这就是在仅仅包含两种数字而非十种数字的系统上工作如此重要的原因所在。尽管初遇二进制时听起来会很复杂，但是慢慢就会发现并没有那么难，尤其当我们遵循和十进制系统完全一致的规则时，就会越发感觉简单。让我们用二进制系统做（加 1）计算：

101000010（在十进制系统中是 322）

101000011（末位变化）

101000100（末两位重置为 0，此前一位加 1）

101000101（末位变化）

101000110（末位重置为 0，此前一位加 1）

我们需要看到的重点是，这只是一种符号。每个以十进制系统记录的值都能转换成以二进制系统记录的值，反之亦然。如果你有五个苹果，你可以（根据十进制系统）写下 5，但是同时也可以（按照二进制系统）写下 101。你只需要确定你自己知道（读者也知道）你在使用哪个系统。我们有时会以加角标的方式指明所用的系统：$5_{10}=101_2$。

二进制系统并非信息技术所使用的唯一系统。另一种（尤其是在实现可视化界面的设计师和开发人员的范围内）非常受欢迎的系统是十六进制系统，这是一种以 16 为基数的系统。十六进制系统包含十六种不同的符号：0~9，以及 A、B、C、D、E、F，分别用以代表 10~15 的值。因为一个十六进制的值能够表达半个字节（即四个二进制位），所以十六进制对于以更高的速度（和更低的错误率）分享重要数值是非常有用的。例如，对于一个数值范围从 00000000 到 11111111 的字节，分别对应着十六进制中从 00 到 FF 的数值。除此之外，在描述任何（由红、绿、蓝组合成的 RGB）颜色的时候，这个系统得到了广泛的应用。例如，FFFFFF 代表白色，000000 代表黑色，0000FF 代表蓝色，FFAA33 代表金橙色。

最后，值得一提的是，人类历史上研发出了许多其他的位置系统，某些系统的发明时间距今不远。如果我们认真观察，还会发现许多其他系统。六十进制（即一种以 60 为基数的系统）是由（距今 5000 多年前的）古代苏美尔人发明的，这种系统得到了巴比伦人的广泛应用。你可能会感觉有些本应更加简洁的东西却近似疯狂地复杂，但是你要记住，它仅仅是一种符号。如果你用习惯了，就完全能够像使用数字一样对这些符号运用自如。你不信吗？那就看看计时方法吧。一小时是 60 分钟，一分钟是 60 秒。你懂这个运算规则了吗？无可置疑而且令人惊叹的是，苏美尔人的六十进制系统仍然（以一种改进过的方式）应用于测量时间和角度，甚至在最高端的导航技术和工具中得到了应用（1 度是由 60 分构成的）。再举一个例子。英国的官方货币是英镑，一英镑等于一百便士。虽然这种结构有助于国际贸易和交换，但是并非总是如此。在盎格鲁撒克逊时代的英格兰地区，1英镑等于 20 先令，1 先令等于 12 便士，1 便士等于 4 法寻。所以一种货币中同时使用了三种不同的位置系统（基数分别是 20、12、4）。你可以对彼时的英国商人随意评论，但是你不得不承认一件事情，他们的会计水平非常高。

第二节　人工大脑的秘密

当讨论现代信息技术的历史时，我们通常从 20 世纪的后半叶开始讲起，那是最初的晶体管和大型计算机（计算机器）得以生产的时期。然而，正如科技领域永恒不变的规律那样，伟大的理念总是先于技术能力诞生。

不可否认的是，最初的算法并非由工程师编写的，而是由 19 世纪的英国数学家兼作家阿达·洛夫莱斯（Ada Lovelace）编写的。她对由查尔斯·巴贝奇（Charles Babbage）所主张的计算机概念提出了各种应用程序的建议。艾伦·图灵发明了著名的"炸弹机（Bombe）"计算机器，这台机器能够破译纳粹密码机恩尼格玛（Enigma）的信息，从而影响了有史以来最大规模战争的最终胜利。而阿达·洛夫莱斯发布算法的时间则比艾伦·图灵早了100年。为并不存在的设备提供解决方案，你敢想象吗？前几个世纪的天才科学家是常人无法理解的。但是阿达·洛夫莱斯是浪漫主义运动（Romantic Movement）时期最著名的英国诗人之一拜伦勋爵（Lord Byron）的女儿。所以，毫无疑问的是，创造力所不可或缺的想象力是她的血液里所拥有的特质。在其离世多年之后，她那惊世骇俗的作品得到了后世的发现和认可。如今她亦获得了公认，堪称人类历史上第一位计算机程序员。为了纪念这位惊艳世界的女性，美国国防部将其在 20 世纪 80 年代开发的一种编程语言命名为艾达（ADA）。最初的人工智能思想产生于 20 世纪 20 年代，远远早于可将这种理念付诸实践的技术方法的诞生之日。必须强调的是，思想总是先于技术数十年问世。

在人类的大脑中，单个神经元是不会对整个器官产生重要影响的简单细胞。正如我在此前章节中所提及的那样，某些神经元在人类身体中存在一小时之后就会衰弱。真正的力量潜藏在复杂的神经网络中，而神经细胞本身则以微不足道的机械方式工作。它们仅会根据通过突触传递给它们的电化学信号是否足够强大而表现出沉默（沉睡）或者活跃（苏醒）状态。我们可以将大脑比作军事基地，一阵隐约的嘈杂声不会惊醒任何人，或许只会引起前门哨兵的一点注意，而当探照灯射出的光芒在附近的树林里晃几下之后，这种警觉便会消失不见。如果没有更多的情况出现，那么就不会有更多的脉冲到达，一切就会迅速回归初始的待命模式。现在，假设有一颗手榴弹在正门附近爆炸了。所有哨兵立刻全部活跃起来，大量分泌肾上腺素，荷枪实弹，准备御敌。与此同时，军官（通过信号）向司令部传递警报，总司令甚至可能会决定发布全域警报，将信号传递给其他士兵，从而使整个基地进入战备状态。

与之类似的是，如果单个脉冲足够强，就可能会激活网络的一个重要部分。一切都取决于到达神经元的信号值。这种机制和医学研究是在计算机内部创建人工神经网络的主要灵感来源。当然，因为有许多针对具体应用程序开发的高级算法，所以我们在此仍然以主要概念和多数基本变体作为探讨内容。了解这些内容通常就足以理解并且有能力主动参加任何人工智能领域的非学术性探讨。正如本书开篇之处所述，隐藏在所有人工智能方法背后的名称怪异而又纷繁复杂的理念都是以自然界的变化方式和生命的存在方式为基础的。如果你对这个领域很感兴趣，如果你怀有持续的好奇之心，而且能够不断地提出新的问题。那么对你而言，理解人工智能就应该不会比诸如物理、化学之类的其他任何高中学科更加困难。掀开名人振聋发聩的演讲和发人深省的语言的帷幕，看看幕后的东西吧，这些东西比你所想象的更加简单。

单个人工神经元与人类的天然神经元的工作原理相似，实际上它可能是由所谓的传递函数（transfer function）（或者激活函数）定义的最简单的软件程序，解释了神经元应该何时得到激活（唤醒）。在极简版本中，这个函数是一个阈值函数，如果它的参数（到达信号的总和）大于等于某个阈值 a，例如，$a=1$，那么它只返还 1。这意味着什么呢？让我们花几分钟回顾一下婚礼上酒具"金字塔"的例子。这个"金字塔"是由玻璃杯搭建的，香槟会倒入位于"金字塔"顶端的玻璃杯中。所以我们又会得到同样的结论，当香槟在玻璃杯内升高到一定水位时，它就会溢出，流入下方的玻璃杯中。毫无疑问，每个玻璃杯的容量都完全相同，而且具有限度。如果香槟超过玻璃杯的容量，那么溢出的部分就会流入位于下层的其他玻璃杯中。这个体积或者容量恰恰可以理解为计算机工作的阈值。香槟（从上层的几个玻璃杯中、从强度不同的每个玻璃杯中）流入玻璃杯可以视为由其他神经元通过突触到达神经元的（强度不同的）输入信号。汇聚在一起的信号越强，神经元得到激活的机会就越大。同理（就简单的人工神经元而言），如果输入的总值大于等于额定阈值，那么传递函数就会返回 1，并且（在后续的神经元内）设置同样的数值。反之，如果没有达到阈值，那么函数就会返回 0，然后传递数值（事实上，传递的数值是 0 就等于没有传递数值），神经元就会保持沉睡。所以，一个人工网络程序遵循的基本算法如下（图 2-4）。

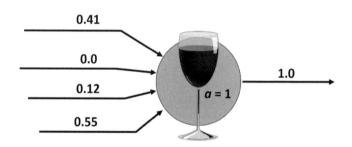

图 2-4　一个具有输入和输出通道的人工神经元

将所有到达的数值相加。

检测该值是否大于等于 a，然后进行选择。

如果是，返回（发送）1。

如果否，保持不变（发送 0）。

继续等待可能会到达的其他信号。

现在让我们设阈值 $a=1$。假设我们有四条突触可以到达神经元，每条突触都输入一个强度不同的信号（香槟流的强度）：0.41、0.0（这条突触中没有信号）、0.12 和 0.55。下一步是将所有输入值汇总，所以 0.41+0.0+0.12+0.55=1.08。因为总和（1.08）大于 a，所以函数返回 1（神经元得到了激活，并且进一步发送了一个输出信号）。这就是大多数人工智能解决方案所采用的基本部件的全部秘密：简简单单的人工神经元在彼此相连之后，形成了令人惊叹的图景。看着这些数值，你大概想问，既然所有神经元发送的信号都只是 1，那么怎么可能会有一些诸如 0.12 或者 0.41 之类的值（从此前的神经元）发送过来？换句话说，为什么我们在输入通道中会有一些小数，而不全是完整的 0 和 1。你的观察能力非常棒。这是由所谓的权重和网络学习过程所导致的结果，我们会在随后几页中解释这两个问题。

在信息技术领域中，一个十分常见的术语是黑箱（black box）。当我们对某些计算机程序或者硬件设备的内部算法细节或者构造方式的技术解决方案不感兴趣时，我们便会说，我们将这些计算机程序或者硬件设备视为黑箱。这往往是测试人员的一个比喻，因为他们不需要和研发特殊设备的工程师具备完全相同的知识。这是因为他们的任务通常是检测系统是否在工作时达到了设计人员所期望的效果。训练有素的测试人员甚至无须理解机器所执行的代码（尽管懂得代码会很有用），他们的目的在于，将整个应用程序作为一个整体进行处理。一般来说，当我们想起学习过程时，我们往往能够看到教师遵循相似的策略。他们从不试图调查学生的大脑如何工作，而是采用案例教导学生，一次又一次地（通过测验等方法）对学生进行考核，从而检查学生当前的知识储备、优势领域和薄弱之处。假设有一位年迈的品酒师傅准备在其离世之前将其毕生所学传授给下一代。首先，他将各种水果、蔬菜和奶酪块放在木桌上，让几个可能成为徒弟的人描述各种物品的性状。根据这项测试，他选择了徒弟。然后，课程就开始了。尽管每杯葡萄酒都不尽相同，师傅却拿出许多分给徒弟，让他们看色泽、闻酒香，然后品尝。

与此同时，师傅描述着年轻人的种种感觉，细致入微地描绘着种种酒香，从而确保徒弟们能够将各杯酒同其产地及年份等信息正确匹配起来。这些课程每隔一天，在第二天晚上举办一次。师傅拿出的未曾展示过的葡萄酒越来越多，但是他仍然让徒弟们重新品尝曾经介绍过的酒，以此确保徒弟们不会对旧有的味道遗忘。这样做的第二个原因也是为了避免年轻徒弟感觉过载，让他们适应新的任务。经过连续数周或者数月的晚课学习之后，一天，师傅准备了一个测试，检查年轻的徒弟都学到了什么知识、掌握了什么技能。他将十只玻璃杯放在桌子上，在每只杯子里倒入不同品类的酒。为了进行测试，师傅不仅选择了一些此前曾经向徒弟展示过的葡萄酒，还选择了一些全新的酒品。他想知道，徒弟是否不只能对曾经听说过的和品尝过的（并且因此记忆深刻的）酒品进行重复，而且还能够利用知识和想象力去理解和描述新的口味。测试是训练中不可或缺的一个环节。为什么呢？因为测试能够为后续课程提供指导方向。

之后，也许他需要对某些（令徒弟过于难以掌握的）课程进行讲解，或者需要在某些（令徒弟在进行鉴别时感觉更具挑战性的）特殊酒品上花费更多时间。课程继续进行，不时地夹杂着测试，直到某一天徒弟参加了一场结果令师傅骄傲和高兴的测验。也许还会有一些错误，但是那都无可厚非。重点在于，即使存在一些小错误，师傅也接受了年轻人，将其视为徒弟。当然，徒弟的学习过程并没有结束，而且会在成为新一代大师的人生道路上持续数十年。但是徒弟所学的知识却足以使其具备独立解决问题的能力，成为独立的品酒师，经营自己的企业。也许徒弟永远都无法达到师傅的水平，或者也许他将青出于蓝，成为声望远超师傅的专家。

当我们在一个更高水平上思考人工神经网络的训练过程时，整个情况如出一辙。整个设计可以分为三个阶段。首先，我们向网络提供一个学习集（learning set），这是一个成对的集合，每一对都包含一个案例和一个正确答案。学习集内学习对的数量会因为神经网络应用程序的差异而有所不同（一般来说，情况越是复杂到难以鉴别，我们需要的学习案例就越多），从几对到几万对或者上百万对不等。经过几轮学习之后，我们向网络提供一个测试集（testing set），和学习集有所不同的是，测试集不会提供正确答案。提供答案是网络的任务。更加困难的是，测试集中的案例与学习集中的案例不同。网络需要对（与所学案例相似但并不相同的）此前从未见过的任务做出回答。正如生活中的多数测试一样，我们对最终的正确答案的比例进行统计（我们知道预期的答案，所以非常简单）。

如果比例太低，那么（第一阶段的）学习过程就需要进行重复。如果（对某些特殊的应用程序而言）比例足够高，那么网络就可以进入第三阶段了。大概会令人感到惊讶的是，我们几乎不会在测试阶段期望得到100%的结果。这在某些时候甚至是不想要的结果。为什么呢？因为这种情况会导致一种名为过度拟合（over fitting）的效应，这就意味着，尽管网络与所有学习集的答案完美契合，但是同时由于作答过于精确以致其失去了对任务进行归纳的能力。我们假想一下如下情况。我们想向一个小孩解释树是什么，只需指向窗外的树木举例即可，无须讲解树的生物学定义或者对树进行详细描述。我们只需带着孩子散步，每当看到树时就用手指着它说"这是树"。我们一次次重复，当到达某一个点时，孩子就会在没有帮助的情况下识别出那是一棵树。他或者她的大脑已经通过对案例的学习最终能够识别出诸如树干没有叶片、根系微微裸露在地表之上、树冠近似椭圆等定义某个概念所需要的一些共性了。但是这也是棘手的部分，因为一切都取决于你所提供的案例。

假如你只以桦树为例（因为这是日常生活中常见的树木），那么孩子也许就会将白色和树的定义关联起来。当孩子看到橡树或者苹果树时就无法确定那究竟是树还是其他某种植物。这说明了选择优秀而且具有代表性的学习集的重要性。学习集所收录的案例的质量远比学习集的大小重要得多。当测试阶段完成之后（即当网络以足够高的成绩通过测试以后），便进入了第三阶段——实用阶段。既然我们对网络的技术抱有信心，那么我们现在就可以将包括我们自己都无法回答的问题在内的案例或者任务交给网络去做了。所以网络能够帮助我们解决我们此前无法完成的问题。我们训练网络，我们测试网络，最终我们依赖网络。这和年迈的品酒师傅与其徒弟之间的故事如出一辙。这个类比帮助我们解释了这个问题，但是当我们对其进行深入思考时，可能会感到有点可怕……现在让我们看一个网络如何工作的真实案例。假设我们正在实现一个为极简任务而设计的神经网络：在一个分辨率极低（5 像素 ×5 像素）的黑白图像上区分 0 和 1。所以，正如年迈的品酒师傅和他的徒弟的故事一样，我们以向网络提供案例的学习集作为起点。我们的学习集可能会非常小，假设它只包含六个项目（图 2-5）。

每个元素都是由二进制形式表示的黑白图像，这是一个由 1 代表黑色由 0 代表白色所构成的矩阵。任何黑白图像都能由机器或者人工轻松地转

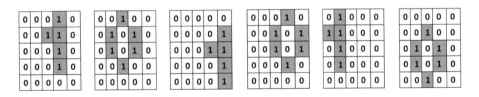

图 2-5　在低分辨率图像上区分 1 和 0 的学习集

化成这样的数字形式，你只需将图像纵横剪切成小片，然后为每个小片赋一个数字。如果你查看我们的学习集，就能看到六张图像，其中三张标着数字 1，另外三张标着数字 0。我们在对网络进行训教时，仅需将这些图像依次展示给网络，同时为网络提供预期答案。你可以将其同教小孩的方式进行比较"这是 1"，你大概会一边这样说一边展示一张带有表达 1 的图像的卡片。然后，你继续说"这是 0"。接下来，重复教育 1 和 0，直到最后一张（即第六张）图片为止。当所有图像都展示完毕之后，我们会再次向机器展示图像，从而检查人工神经网络是否已经正确地学会了所有内容。如果它犯了什么错误，我们就将学习过程重复一次。重复的次数（亦称迭代次数，iterations）通常取决于学习集内的元素的数量（与人类的情况完全相同，学习材料的数量越多，学习者重复它所需要的时间就越长）、需要区别的情况的数量（此处只有两种情况，即图像只会呈现 1 或者 0，没有其他选择）和案例本身的复杂程度（只需想想 5×5 的数字矩阵图像的简单案例和分析高分辨率的多彩照片之间的差异）。理智地准备学习集也是非常重要的，更大并不等于更好，更重要的是，既要确保所有可能的选项都能得到等量元素的覆盖（在本例中，有两个选项，每个选项有三个元素），也要确保不同案例的项目能够以简易的方式进行区分。听起来和学校教育有所类似，我们以简单易懂的分类任务作为起点。

在幼儿园里，你教育孩子从形状、颜色和体积等角度对狮子、长颈鹿、大象和海龟等各不相同的动物进行分类。但是比较的项目越相近，差别就越少，所需的案例就越多。例如，在更高一级的教育中，学生应该能够对通过显微镜观测到的各种类型的微生物进行区别。这就是为什么无论你何时执行人工智能解决方案，记住人类认知过程的类比都有价值的原因。无论你准备的学习集有多么复杂，都要记住至少在其中安排几个（至少每组一个）简单易懂的分类，从而确保人工神经网络能够理解我们期望它去做的任务。在我们的案例中，我们拥有因为位置差异而彼此不同的完整数字图例。当我们认真安排网络对图例学习之后，便进行下一步操作，向网络展示测试集（图 2-6），从而检测它处理某些未知情况的能力。

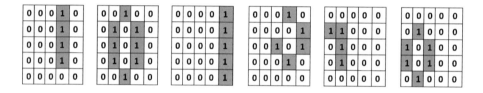

图 2-6　在低分辨率图像上区分 1 和 0 的测试集

让我们逐一查看测试集的元素。第一个图例含有数字"1"，但是（较之于学习集而言）缺少左边的像素，现在仅仅是一条线。第二个图例显示数字"0"，但是要比通常的尺寸更高一些。第三个元素仅是一条长长的垂线，虽然代表数字"1"，但是即使对人类用户而言，也不易识别（当然，看起来不像"1"，但是较之于"0"而言，更像"1"）。下一个是关于"0"的图例，但是并不完整，看起来就好像墨水在某个意想不到的时刻突然用尽了一样。第五个元素既可以看作"T"也可以看作"1"。最后，测试集中的最后一个项目以全新的位置显示出"0"。一直都令我惊讶和着迷的是，仅仅采用上面提及的六个平淡无奇的图例训练出来的人工神经网络就足以让系统对测试集中的所示项目进行正确分类。毕竟我们此前从未将测试集中的图例展示给人工神经网络，而且测试集中的图例也和学习集中的图例完全不同，仅是在某种程度上存在相似性罢了。

第三节 头脑风暴

正如前文所述，和人类大脑的生理特征类似的是，单个神经元都无法独自携带重要数值。只有当一些神经元与其他神经元彼此相连形成传递信息和处理信息的网络时，才能获得真正有趣的结果。这与前文述及的婚礼酒具"金字塔"别无二致。一般来说，为了方便起见，在最初的解决方案描述（即模型设计）和后来的计算机实现中，我们都按照层级（layers）的理念对人工神经元进行分组，这与婚礼酒具"金字塔"中玻璃杯的层级概念完全类似。当香槟填满一个层级之后，它便开始溢出玻璃杯，流入位于下层的玻璃杯中。

简而言之，一个层级的输出即是下一个层级的输入。正如我们在此前章节指出的那样，不同的通道（输出—输入线）可能会在分配中获得不同的数值。这个值称为权重（weight），通常在 0 和 1 之间变化（例如，0.41、0.12 和 0.55），用于描述这些通道在整个"思考"过程中的重要性。赋值较低的通道不会对人工神经网络所做出的最终答案构成显著影响。这也和我们的香槟酒案例类似。液体并非以同样的速度流进所有玻璃杯中，香槟酒的液流有宽有窄，某些玻璃杯会迅速填满，某些则非常缓慢，某些玻璃杯甚至直到婚礼结束都是空的……就人工神经网络的情况而言，权重是在开始时随机赋值的，而它们的变化事实上则是学习的过程。

在学习过程中，某些（更重要的）通道的权值会增加，而其他通道的权值则会减少。我们的大脑里也会发生类似的过程。当我们学习新事物和积累人生经验时，神经元之间的某些通道会比其他通道变得更加强大。这就是为什么当我们变老之后，尽管每天都会有一些神经元凋亡，但是我们却能够更好地理解周围的世界，而且能够对遇到的各种情况做出更好、更加明智的反应。但是我们不得不以归还一些东西作为代价。我们的年龄越大，我们的创造力下降得就会越多（当然，你可以通过保持思维活跃的方式减缓这个过程，即以训练身体和肌肉的方式对思维进行规律的训练）。

我们也对全新的情况、风格、趋势和科技不太容易适应，因为我们已经慢慢适应了现有的工作方式和生活方式。对于在任何环境里生存而言，发达的神经网络都是至关重要的，它有助于我们更加迅速地对遇到的情况进行分类，这个过程比任何详细的分析都快得多。如果你是一名从业多年的老司机，那么你大脑中负责专业技能的通道就会比驾校新学员的大脑通道更加宽阔（即更加显著）。无论何时遇到一些意想不到的状况，大脑都会帮助你做出更加迅速的反应。你有没有过需要突然踩刹车的情况？有时，当你发现前方道路上的某种情况后，你能在刹那间完成这个动作。而当你完全停下之后才反应过来那个物体究竟是什么，可能是一只动物、一个小孩或者一根折断的树枝……同理，当你在一些不友好的环境里发现一些特殊举动时就会选择离开，以免成为犯罪的牺牲品。你根据生活经验、家长老师或者朋友所讲的故事、电视新闻以及书里的故事学会了做判断。

你无须为做出最佳判断而对所见到的每个场景都进行分析。如果没有这种能力，如果无法省略掉由我们的感官所感知到的多数信息，那么我们将会无法执行任何行动。研究人员表示，现代人在一天之中所接收到的信息比我们中世纪时期的祖先一生当中获得的信息都要多。所以对重要事件进行快速分类和对其余信息进行过滤，大概是我们所拥有的最重要的生存技能（患有自闭症的人的这种能力会受到轻微影响，他们具有完美的分析能力，但是在日常活动中却会存在一些障碍）。我们每一秒所略过的信息量都是巨大的，这导致了一种名为选择性注意（selective attention）的效应。

你将会在下述段落中找到实验的细节。

既令人惊讶又令人有一点恐慌的是，关于选择性注意的实验能够帮助我们认识到我们能够看到的周围信息有多么匮乏。如果我们连就在眼前行走的大猩猩都看不到，那么想想世界上有多少重要信息是我们一无所知的。当我们专注于一项具体的工作时，譬如我们正在计算传球次数，我们能够注意到的事情就会更少。这是一种避免大脑过载的内部机制。由我们的生活经验发展而来的、更加强大的神经通道使我们的生活更加轻松，但是有时也会使我们形成懒惰、刻板和坏习惯。我们有时会将特殊的行为或者技能与人们的家庭出身、宗教信仰、性别、肤色等各种条件关联起来，只是因为我们的内部神经网络与这些特殊方面相合。

一般而言，遇到几次类似的情况就足以形成模式化观念了，毕竟我们都很善于学习（尤其对于令人痛苦的错误而言，我们很少会去重复，这也是一种生存机制）。当游览新环境、会见陌生人或者遇见某些未知情况时，（开启更加强大通道的）同样神经结构会使我们感觉不舒服。当人们的行为与平时完全不同时，这种情况就会发生。他们也许稍后会听到："刚才开会的时候，你好像换了一个人。"所有一切都是因为我们的神经网络并非以类似案例进行训练的。你有没有游览过游乐场附近的倒置的房屋？那些你通过烟囱旁边的小洞进入的房屋。在屋子里，天花板在你的脚下，吊灯和你的脚步齐平，地板在你的头顶。我想你一定认为这是极不寻常的体验，有的人甚至会感到头晕。

我们所习惯的一些常识也会得到魔术师的巧妙更改。幻觉的整体概念是分散你的注意力，将你的注意力转移到魔术表演中的一些无关紧要的元素上去。和选择性注意测试的案例及大猩猩的案例一样的是，即使你对魔术师全程关注，你也无法参透戏法的机制。如果你认为你很快就能解开幻觉看到本质，那么你很可能已经受到了专业性的欺骗。在魔术中，似乎你离魔术师越近，你就越发难以看到真相。但是幻觉有时甚至不需要有人去布置。所有视觉幻象的原理都是一致的：颜色、形状和图案都省略掉了我们在一生之中所学到的众所周知的标准配置。我最喜欢的一个视觉幻象是由麻省理工学院的爱德华·阿德尔森（Edward Adelson）于 1995 年首次向一名观众展示的棋盘阴影错觉（checker illusion）。仅仅因为和直觉相悖，我们的大脑就对事实持有抗拒感，其强度是令人惊叹的。让我们看看这个实验的图例（图 2-7）。

图 2-7 棋盘阴影错觉

图 2-7 中有一张由深色方块和浅色方块交错排列构成的棋盘。在棋盘一角立有一个圆柱体，圆柱体的影子遮盖着部分棋盘。现在请仔细看图，然后回答下述问题：在分别标有 A 和 B 的两个方块中，哪个方块的颜色更

深？你大概会因为答案显而易见而惊讶地重新阅读问题。我们大概都会认为，方块 A 的颜色深，方块 B 的颜色浅。这就像你正在阅读的这本书的字迹和纸张之间的颜色差异一样容易辨别。但是我们都被蒙骗了。方块 A 和方块 B 的颜色是一样的。你不相信吗？

当然，你很难相信。这块棋盘上的方格就像我们生平所见（所了解、所记忆）的棋盘那样明暗交错地绘制的。阴影也是我们日常所见的一种效应，它会使物体的肉眼所见效果比实际情况更暗淡。事实上测试方正是利用了这两个我们日常所见的平常、静态、不变的元素来欺骗我们的视觉。你还不相信吗？那是当然了。你的大脑仍然对此有所抗拒，相对于你正在阅读的论断而言，你更愿意相信自己的大脑。那就让我们做个实验吧。拿出一张干净的白纸，剪出两个小洞，让小洞完全（而且仅能）和 A、B 两个方块相对应。现在把纸放在书上，于是你就只能看到 A 和 B 两个方块了。现在你能看到它们的颜色是一样的了吗？现在把纸拿掉，它们的颜色又不一样了。虽然经过直接的实验检验，但是我们的大脑依然不能接受这个答案。某些人会在紧急情况下做出反常的举动，某些人即使面对明确的事实也无法相信事实真相，现在这一切都是能够理解的了。神经网络的结构一旦形成了，就很难重建。

第四节　层级和谎言家

人类的大脑里大约有 900 亿个神经元，而最新的人工智能应用程序也大约会使用成千上万的人工神经元。为了避免创建的网络混乱，保持网络清晰、结构良好（以便在必要的时候易于监控和升级），科学家和软件开发人员通常会按照层级对它们分组。一般来说，我们通常在人工神经网络中划分三种层级类型，每种层级类型都有一个特殊而且唯一的目的。它们总是以同样的顺序进行排列，构成一种与我们日常所遵循的流程类似的完整流程：始于观察（例如，我们看到了什么），通过分析，终于反应——我们对观察到的情况采取的反应行动（我们做了什么）。每一个层级都包含一组特殊的神经元，每个神经元都和下一层的所有神经元相连。每一层中的神经元的数量，以及层级的数量，都取决于应用程序。尽管如此，整体结构仍然与图中所示一致（图 2-8）。

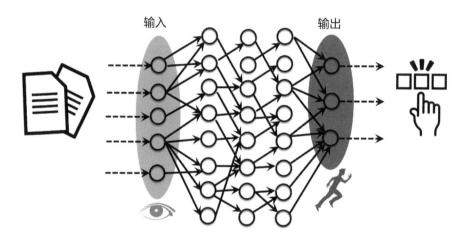

图 2-8 人工神经网络的三种层级类型

输入层是信息流中的第一组神经元。你可以轻易在此找到与人类感官类似的东西，譬如视觉。无论你发现了什么，在你真正意识到你正在直视物体之前，图像最先都由构成眼睛的感光细胞（视锥细胞和视杆细胞）处理。在这个步骤完成之前，我们都对眼前的物体一无所知。当这个步骤完成之后，信息传入负责分析思考的大脑内部结构。总有一层人工神经输入网络，负责将图像、声音或者任何其他物体转化成数字形式，即由 0 和 1 构成的序列。然后，这些数值会导致具体值被传输到下一个内部层级，即隐形层级。

一层或者多层的隐形层级是真正用于分析的场所。我们可以将其视为人类大脑负责处理所有由感官收集到的信息的主要部分，这里是意识和潜意识的家园，是创造性思维诞生的地方，也是所有谎言诞生的地方。使人工神经网络不同的是神经元之间的通道在配置过程中所获得的权重。不同的权重意味着不同的功能和能力。为了确保人工智能系统和现存系统以完全相同的方式运行，拷贝人工神经结构［例如，有多少神经元，以及神经元之间是如何连接的，我们也称其为网络拓扑学（network topology）］和其中所分配的所有权重值就足够了。简而言之，这两个特征会确定人工神经网络，使其能够复制到任何其他设备上。（至少现在）和人类大脑有所不同的是，人工大脑能够从一台硬件设备移植到另一台设备中，而不会使个性（所包含的所有一切）遭到损失。复制的系统会以与原始系统完全一致的方式回答问题，即会生成同样的思想、理念、模式和谎言。未来，我们也许会发现人类和机器之间存在一种差异。对死亡的恐惧是有生物体的专属感觉，机器能够创建数十份备份并且将其自有意识传输到任何其他计算机中，从而防止原始系统不够稳定。

隐形层将来自外界的输入数据转化成特定的模式或者行为。因为这里是学习过程和分析过程实际发生的地方，所以层级的数量和每个层级中的神经元的数量都应该得到详细规划。神经元太少或者层级太少都可能意味着人工智能机制不足以完整地分析问题。我们用原始物种打个比方：无论你多么耗时、多么详细、多么认真地教苍蝇算数，都毫无意义，因为它永远也学不会。这与好逸恶劳或者得鱼忘筌毫无关联。让苍蝇理解任何抽象概念，哪怕是最简单的概念，都是不可能的。因为苍蝇的大脑结构太小，无法处理数学问题。

但是设计师应该细致，也要对上限进行考虑。太多层级或者神经元会导致信息过载和增殖，最终致使网络含糊和混乱。当我们因为对简单问题进行深究而忽略了明显的解决方案时，就可能会发生这种情况。当我们考虑某些问题时，如果入手点和顾虑面都太多，那么疑点的数量就会增加。我记得有这样一则真实的故事。某天一名哲学教授收到了法庭的传唤，要他以目击证人的身份确认一场交通事故。当警察问道交通信号灯当时是什么颜色时，教授迅速回答说，他清楚地看到灯是绿色的。警察问道："你确定吗？"就在这时，哲学家的哲学背景影响了其进一步的讨论。教授提醒自己，世上的一切事物都是不确定的。他知道人类历史上的一些伟大思想，并且这样教育学生：我们所见到的一切都是主观观测的结果，没有任何物体能够被真正定义为事实。所以尽管他那天清晰地看到了那场交通事故，但是他最终回答道："不，我不能完全确定。"过于深刻的思考使他无法确定，所以他实际上充当了一名无效的目击证人。

现在让我们来谈谈输出层。当向人工神经网络输入层展示例子时，信号流就会开始通过由配置的权重所决定的特殊路径穿过内部（隐藏）层。在隐藏层的某些部分，信号几乎会衰减为 0；而在其他部分，信号则会增强许多。尽管如此，在整个过程的结尾，某些最终的神经元得到了激活，某些则保持不变。最后一排神经元称为输出层。这就是制定最终决策的地方。输入的图像、声音、事件序列（或者关于这个世界的任何其他数字化的片段）都将划入特定的类别。举个例子，如果我们使用一个人工智能的光学字符识别系统读取和存储过往车辆的车牌号码，那么每个车牌号码的每个字符都将由系统分配为 26 个英文字母之一或者 10 个阿拉伯数字之一。

人工神经网络的主要目的是分类，所以总是用于识别所示对象属于哪个组。乍一看，这似乎是一个非常有限的应用程序。有些人大概会说，"只是分类吗？那真的不多。"但是我们需要记住的是，这也是我们大脑的主要特征之一。分类是生存的关键，它使我们能够区分朋友和敌人、食品和毒药，也能帮助我们计算风险和成功的概率（譬如，究竟应该选择战斗还是选择逃跑）。它还能够让我们根据经验预测未来。对问题进行分类是解决问题的基础，定义对手的棋招是寻找策略赢得比赛的关键。无论比赛意味着什么（国际象棋对决、公司事业竞争或者当地军事冲突），正确识别问题都是制胜的关键。

第五节　人工推理

正如我们在上述文本中所提及的那样，正是由于人工神经网络的配置（拓扑）和权重值的作用，系统才既独具特色又能发挥作用。当有足够强大的信号发出时，我们可以将神经元本身视为会得到激活的简单开关。所有一切都以同样的方式工作，重要的仅是他们的配置，亦即神经元彼此之间的位置关系如何，以及它们的通道分别以何处作为起点和终点。如果权重不同，那么由相同配置定义的神经网络会对相同问题做出不同反应。即使权重的差异极其微小，也可能会在机器的逻辑推理方面造成严重错误。权重［我们可以将其视为到达神经元的信息流（或者每个通道中的信号容量）的宽度］是这个问题的关键。权重决定着机器和地球上所有生物的反应。

无论我们在一生中会学到什么，会经历什么，所有一切都影响着我们观测各种情况和周围世界的方式。我们学习如何走路、吃饭、做事、反应、谈吐、表达感情和人际交往。同样重要的是，我们的神经网络所学到的内容也会影响或者会最先影响我们的无意识反应。如果有人在危险的环境中长大，那么他或者她就往往不会和陌生人接触，而且只要有新的状况发生就会时刻关注，处处留心。即使是在为生日准备的惊喜聚会上，这个人大概也无法完全感到快乐。人类祖先所生存的环境比我们当今的生活环境更加危机四伏、动荡不堪，整个人类世界都有着祖先遗传下来的共同反应。例如，人们的大脑里印刻着对突发噪音或者失败的根深蒂固的恐惧，这种恐惧几乎无法抗拒。想象一下假日放烟花时的样子。即使是你亲手点燃小型爆竹，当你听到爆炸声时，你依然会感到有些惊恐。与此类似的是，即使你连续三晚看同一部恐怖电影，而且清楚地知道何时会有一个恐怖的僵尸跳到荧幕上直视你，你仍然会有那么一瞬间屏住呼吸。这些神经反应机制深深地存在于遗传基因之中，也会导致诸如大型恐慌升级等更多的危险反应。

人类的大脑是宇宙中最复杂的系统之一，我们仍然不能解释控制大脑的所有机制。某些机制也许永远都会是不解之谜，为猜测、哲学探讨和宗教信仰留下了一片空间。在围绕人工智能的论题展开的各种研究中，我最热衷的事情之一是，你越是建构更加高级的神经网络，你就越会对我们自己的大脑的复杂性感到欣喜。有时，当我们阴沟翻船、三心二意、行为怪异或者错爱庸人的时候，我们会认为自己愚蠢或者疯狂。但是事实恰恰完全相反。我们的大脑结构是如此完美且又不可思议，无论世界顶级科学家或者倾囊投资的顶流集团都无法人工重建。这是我们每个人与生俱来不可买卖的财富。你可以在繁忙之中驻足片刻、深吸口气、仰望苍穹，想一想：宇宙中最复杂的系统就隐藏在我们眼睛的后面。无论你相信神佛，还是以无神论者的角度认为自己是一系列概率极低的偶然事件的产物，都无所谓。因为有一个事实是无可置疑的：我们都是奇迹。我们越是时常提醒自己，我们就越会认为自己和别人都是无价的。

我不会告诉你我们究竟是如何学习的，但是我可以向你简单地解释一下人工神经网络中从开始时的某些随机值到允许识别复杂模式的具体值的变化过程。所以这很可能是一个解释权重如何赋值的良好时机。正如我们前文所述的那样，人工神经网络是在学习过程中开始发挥作用的。当我们从外界审视（网络黑箱）时，用户、你本人或者应该说人类培训师会带来一组图像（例如，该人工智能系统是通过人类的面部照片识别身份的系统），然后将这些图像逐一向系统展示，并且在每次展示的同时都向系统解释期望的正确答案是什么。系统内部会在这个过程中发生什么？这里并无魔法可言。简单来说，重要的是，以这种方式（从一些随机数字开始）对所有的权重进行赋值，从而使每个展示的元素都得到正确的系统响应。所以这个过程主要是操纵数值（即增加或者减少分配给各个通道的权重——信号容量），直到系统能够做出正确回答。

当我们向系统展示学习集之后，我们会再次向系统展示这些数据并且让神经网络对这些数据进行分类。通常某些数据会得到正确识别，但是系统也会做出一些错误判断。这和人类的学习过程十分类似。如果有人向你展示一组例子，并且对这100个例子分别进行描述，然后再次向你展示这些例子，并且要你作答，那么你很可能会犯一些错误。我们在未来避免这些问题的最佳方式是进行重复教育，毕竟古语有言，"熟能生巧"。所以在人工智能应用程序中，与此类似的是，学习集会再次得到展示，学习算法也会建议对权重进行一些修改（增加权重值从而使其重要性得到提升，或者如果它们在当时看起来不太重要就减少权重值）。

然后下一轮"测验"会重新开始，系统的错误等级也会得到重新计算。先展示学习集然后再对所学内容进行检验的整个学习过程会多次重复，直至错误的数量达到可以接受的程度。正如前文所述，事实上 100% 的完美结果并非所愿，因为这样的结果会导致过度拟合。这是一种当系统完美地识别学习案例却无法处理遇到的新案例时所出现的结果。总而言之，整个科幻般的机器学习主要和智能权重分配有关。关键在于，在适当的位置赋予适当的数值，从而使最终输出结果正确。这就是我能够就此问题找到与数独游戏类同的原因。

数独是一种关于数字排列的益智游戏，它的起源可以追溯到大约 19 世纪的西方逻辑益智书籍。然而，受到世界公认的现代版数独于 20 世纪初在日本获得了新生，当这股风潮传播到英国之后不久，便逐渐从英国推广到了世界各地，成为当今世界最受欢迎的益智游戏之一。数独游戏风靡全球的关键在于，它的规则并不复杂，既易于解释，又便于理解，但是它的难度级别却多种多样。你能为孩子找到一些非常简单的排列方式，也能为狂热的赛手找到极其困难的排列方式（尽管两者都使用完全相同的棋盘，只有初始数字存在差异）。

数独的游戏目标是在 9×9 的棋盘网格中填入 1~9 的数字，并且满足每行、每列、每个 3×3 的棋盘内部加粗网格（共有 9 个）内均含有全部数字（每个数字只可出现一次）的条件。这款游戏在开局时便已经填充了一些数字（这些已知数值的数字通常和游戏的难度等级有关）。所以游戏的任务是不断地尝试和失败，直到你能够将所有数字正确地填充到棋盘上的所有位置，而不留下任何空位。这个过程与人工神经网络的学习过程惊人地相似。现在让我们一起解决一局数独游戏，从而验证这个过程。图 2-9 是一个数独游戏的棋盘开局图（为了能够更加清晰地指明具体位置，我在棋盘的纵横坐标轴上分别标注了 1~9 和 A~I 的标记）。

	A	B	C	D	E	F	G	H	I
1			7		3			9	4
2	4			8	7	6			
3					2	4			
4		3		4				8	
5		8		1	6	3	5		2
6		5							9
7	6	4				8			
8			8	3		9	7	6	
9	3		1					4	

图 2-9 数独游戏棋盘

让我们先从棋盘上排位于中间的九宫格中涂有灰色的三个方块开始填充。因为九宫格内的数字不能重复，所以灰色方块必须选择 1、5、9 这三个数字。那么每个方块究竟应该填充哪个数字呢？也许我们可以将 1 填入方块 D-1 中。这是我们的第一次尝试（正如首次人工智能循环中的某些操作那样）。但是，等一下！方块 D-5 中已经填入数字 1 了，而这就意味着 1 无法在 D 列的任何其他方块中重复填写，D-1 也不能例外。所以 1 的猜想是错误的。我们需要重新尝试一次。当然，我们也会由于同样的原因省略 D-3，所以我们最终能在这个九宫格内填 1 的位置只有方块 F-1。太棒了！我们找到答案了！现在，还剩下两个方块和两个数字——5 和 9。让我们试着在方块 D-1 中填入 9，但是在对其再次考虑之后，我们很快就会注意到方块 H-1 中已经有了同样的数字。因为数字也不能在一行中重复，因此非常清楚的是唯一剩余的正确位置是 D-3。所以我们剩下的就只有 5 和方块 D-1 了。现在一切都清楚了。尽管需要进行一些尝试，但是最终第一个九宫格完成了。条件都满足了。结果是众所周知的（图 2-10）。

现在轮到你了。暂时停留片刻，找支铅笔，为剩下的任务找到答案。

慢慢来，别着急。我就在这里等你……

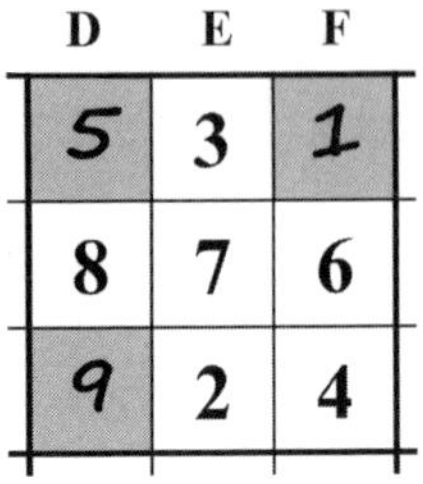

图 2-10　数独棋盘的上排中间位置的九宫格

　　怎么样，难不难？事实上，这取决于一些个人技巧，甚至是个人经验。你解决的数独游戏越多，你解决新的数独问题时就会越容易。所以难度等级较高的数独益智游戏需要高级技巧和许多实践经验才能解决。这和机器学习的过程类似。人工智能需要分类的问题越复杂，它需要的学习案例就越多，学习过程就越长。也有许多不同算法描述如何根据系统所提供的结果（按照周期）自动升级权重值。这些算法根据规划的人工智能应用程序而变化，并且在某种程度上是我们在机器学习方面的经验输出（正如某些颇富经验的赛手会在数独游戏中使用某些快速匹配的观察方法，从而以更快的速度解决问题）。在诸多算法中，有一款非常受欢迎的算法名为反向传播算法（back propagation）。

　　正如我们已经了解到的那样，每个基础版本的人工神经元都是一个简单的"是否"结构，当输入信号的总和大于等于阈值时便返回 1，而在其他情况下则会返回 0。在某些特殊情况下，使神经元活跃的规则是传输（或者激活）功能。在我们的案例中，它是一个返回 0 然后在等级相同但是中间却没有任何渐变过程的情况下立刻跳跃至 1 的二进制函数（图 2-11a）。但是当我们思考我们所生活的世界时，就会发现它并非纯粹的非黑即白的。

多数情况下，这个世界在某种程度上是灰色的。即使就伦理而言，仅凭一个人的生活对这个人进行绝对的评判也绝非易事。人们的思想和心理太复杂了，以至于很难毫无争议地对最终评判达成一致。

有时人们说，自然不会创造直线。与此类似的是，二进制函数亦不能对生物神经元进行完美的数字表达。正如我们在此前提及的婚礼酒具"金字塔"例子中所描述的那样，假设我们拥有由玻璃杯搭建的"金字塔"和倒入"金字塔"顶端的玻璃杯中的香槟酒，那么我们就会知道，当玻璃杯中的香槟酒达到一定高度时就会溢出，然后流入位于下方的玻璃杯中。我们假设这种情况会一层接着一层精确地进行。但是这种假设的情况在现实中绝不会发生，玻璃杯"金字塔"很不稳定，香槟酒的气泡也使液体的状况难以预测。毫无疑问，远在上层的玻璃杯斟满香槟酒之前，我们就会在下层的一些玻璃杯中看到一点香槟酒了。

现实生活中的种种物理过程过于复杂，很难采用单一的阈值进行描述。这就是为了使人工神经网络更加顺畅地运行，而非像旧式电灯开关一样工作就需要提出更多激活函数的原因。这些函数不只返回0和1两个数值，而是在这两者之间返回了更多数值（图2-11b）。在这些情况下，如果到达神经元的信号的总和与（提前规定的）阈值接近，那么就会发送一些非零输出信号。这些信号通常非常微小，而且总值必须和临界值非常接近，但是这种突然的变化足以使系统以效率更高的方式工作。就像开车，轨道越是完善，车辆就越容易沿着轨道行驶。

反向传播算法的主要理念（在学习过程中更新权重的方式）是理解，在信息技术中理解常常意味着计算，计算我们开发的人工神经网络发生了多少错误。我们对这些错误的甄别能力越强，为了避免这些错误再次发生所需的修改网络结构的时间就会越少。网络给出的结果用于计算所谓的

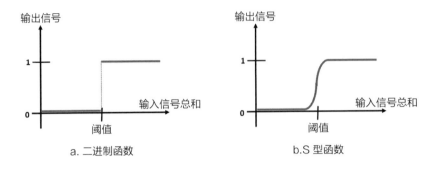

图 2-11 两个激活函数的案例

错误率（error rate），这是为了评估学习过程是否在每轮展示案例之后向着良好的方向发展。这听起来似乎很复杂，但是事实上这个值不难求解。对每个展示的案例而言，我们仅需检测机器做出的答案和我们预期的正确答案之间的距离有多少"偏差"。假设我们试着教人工智能系统区分插图上的五个字母：A、B、C、D 和 E。例如，为了成功处理这个问题，我们向机器展示一组以不同字体、粗细、斜体或者下划线等形态印刷的几百个字母的案例。对这样的应用程序而言，最简单的方式是在输出层安置五枚神经元，以此对可能的答案进行反馈。所以，第一枚神经元负责对"A"进行反馈，第二枚神经元负责对"B"进行反馈，以此类推。假设我们向网络展示"B"（一个印刷字母 B 的案例），然后我们在输出层收到（由输出神经元发送的）信号，如图 2-12 所示。

这个输出结果表明，网络对所示案例以形态最像"B"为标准进行了解读，但是由于"D"和"B"形态类似，所以也得到了一些分数。根据网络的判断，"E"和"C"不太可能出现在图例上。由于"A"和"B"在形态上的差异太明显，所以应用程序非常肯定它不是正确答案。有必要说明的是，这些数值的总和不必是 100，这些数值不是百分比的比值。在某些模式识别任务中，神经网络大概会对两个答案进行同等程度的突出显示。这

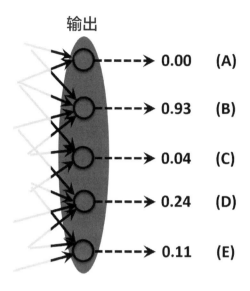

图 2-12　神经网络的输出层

完全取决于所用案例的质量和问题的复杂程度。类似的情况大概每天都会发生。在看到年代久远而且分辨率较低的大脚怪照片时，没有人能够确凿地说出看到的究竟是猿猴还是人类，或者仅仅是位于树林中的影子。另外，尼斯湖水怪的起源至今尚无定论。在罪案调查时，警察也经常遇到此类情况。目击者有时因为极端压力而无法对最基本的情况进行澄清。例如，嫌疑人究竟是男性还是女性。对观察者而言，两种情况的可能性似乎均等……

再看我们先前的案例，我说过我会解释如何计算错误率，方法如下：就（大写字母 B 的）所示案例而言，我们需要将所有神经元的输出值（即0.00、0.93、0.04 等）同期望值进行比较。当然，正确答案是"B"，所以第二个神经元应该完美地返回 1.0，而其他神经元都应该返回 0.0。这就意味着网络绝无问题。那么让我们通过累计每个神经元的所有差异的方式计算偏差（这个工具"距离完美结果的偏差"）：

答案	实际神经元输出值	期望完美输出值	每个神经元的错误率
"A"	0.00	0.00	0.00
"B"	0.93	1.00	0.07
"C"	0.04	0.00	0.04
"D"	0.24	0.00	0.24
"E"	0.11	0.00	0.11
		总计	0.46

所以，整体错误率是 0.46。如果我们认识到错误率的最高值可达 5.0，那么我们就会明白 0.46 并不高。此外，我们需要记住的是，尽管我们在学习过程中试图降低错误率（从而使神经网络学会更好地对已定义的分类进行区分），但是我们不要期望不惜任何代价去追求 0.00 的效果。虽然绝对零点看起来极具诱惑力，但是它也会增加过度拟合的风险。与学习集的所有答案完美契合的网络，因为精确性太高，会失去归纳任务、拓宽视野和解决更加复杂问题的能力。

在错误率得到计算之后，反向传播算法便利用这个数值作为权重更新方程的参数。因为转换过程通常十分复杂，而且需要采用高等数学理论，所以我们在此不对细节问题进行详细探讨。许多诸如此类的方程式已经因为纳入免费软件库而得以广泛使用，而且可以成功地作为黑箱使用。尽管如此，理解隐藏在黑箱里的常见高端概念也是很有价值的。其中最重要的思想是，不是以单个数值分析错误率，而是以（权重）函数分析错误率。

因为人工神经网络的结构往往极其复杂，所以有些权重值需要进行巧妙地调整（如果我们将信号的强度比作水管的话，那么在默认情况下，神经元之间的每条通道都会被赋予一些能够描述其重要性、容量或者宽度的权重值）。这就意味着，错误率函数存在许多参数，可以将其视为凹凸不平的非匀称性多维地毯。当然，对于（除了拓扑学家以外的）人类而言，任何超过三个维度（即我们通常意义上的长度、宽度和高度）的物体都是很难想象的。因此，我们很少试图通过更多地关注数学变换本身来对这个函数进行解释。

在本书中，我们仅对权重的一个维度进行考虑，那么这个简化版的错误率函数就能在经典坐标系中绘制出来了（图 2-13）。线条的每个点都描绘了由我们的应用程序针对每个权重赋值（此处仅有一个权重）所产生的误差水平（距离完美答案的偏差）。那么下一步是什么呢？如果我们能够正确地定义函数，那么学习过程便会成为寻找最小值（图 2-13 中的 C 点）的数学任务了。你可以将这个任务假想成一次登山挑战。旅行爱好者们受命探寻山区的海拔最低点，那里藏有特殊奖品。所以，他们走遍了整个山区，到处寻找海拔最低的位置，每当他们发现一处极低点时，便会试图以尽可能短的路程到达那里。这正是梯度下降（gradient descent）最优算法的工作原理。梯度是在每个点上计算出的函数下降最快的方向（即最陡的路径），系统选择梯度方向前进是为了寻找最小值，一定要小心。

在这个挑战过程中，重要的是要行事明智和拓宽视野，因为根据情况而言，仅仅依靠算法前进也许会引导你走进局部区域的极小值处（局部区域的山谷未必是整个山区的海拔最低点）。当我们探讨人工智能学习过程的时候，局部区域的极小值大概可以指过度拟合效应，就是说，网络由于和所有小型学习集的答案完美匹配以至于太精确，导致它失去了归纳任务的能力。神经网络在局部区域的极小值点会形成一定程度的卡顿，无法开展任何新的学习任务（图 2-13 中的登山者 B）。避免这种情况或者消解网络卡顿的最简单的方法是在学习过程中向网络展示更多种类的案例。案例不应该过于相似，以使网络的视野更加广泛。案例的种类越是繁多，网络的理解力就越发强大。在登山探宝的比喻中，尽管存在快速到达山区海拔最低点的诱惑力（因为那里有奖品，其他登山爱好者也争先恐后），但是和最初的思想背道而驰爬得更高是值得的（图 2-13 中的登山者 A）。因为当登山爱好者站在山顶时，他的视野范围会更加广阔，而且能够更加容易地识别出山区中的海拔最低点。在学习过程中，除了要展示大量学习案例之外，有时对权重赋值更加随机一些也是值得的，这样可以使错误率下降得稍微缓慢一点。

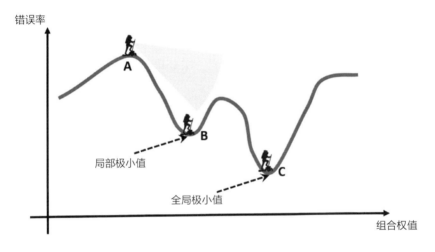

图 2-13　错误率函数示意图

所以，相对于采用极速梯度下降解决方案引导系统尽快到达海拔最低点而言，取而代之的更优策略是，通过各种各样的权重赋值进行跳跃并且逐渐降低跳跃距离从而接近全局最小值。这种方法称为模拟退火算法（simulated annealing），你可以将其想象成在错误率函数曲线上溢出的一袋弹力球（图 2-13）。当这些球体击中图表时，它们开始反弹，最初运动迅速、幅度高、距离远。但是随着时间的推移，球体弹跳的强度降低了，最终在运动过程结束时（即当一切都停止运动时），多数球体都到达了海拔最低处，即全局最小值。你可以亲自操作这类实验。你只需利用一些家用材料（盖着旧毯子或者旧塑料的木块，或者在最简陋的情况下铺一张床单再放几个硬枕头也行）制作一些不规则表面，再准备一些球体（弹力球、乒乓球，甚至气球也可以，一切取决于模拟环境的表面和体积）。值得一提的是，这个算法的名称并非即兴编造的。退火是一个物理学术语，它是指将金属或者玻璃加热到一定温度之后再将其慢慢冷却至内部压力全部消失的工业过程。然后金属或者玻璃工艺品就会钢化，强度更大、耐性更大，更不易损毁。与此类似的是，模拟退火算法使得神经网络学习效果更好，变得更加准确。

第六节　深度思考

"人工智能"是当今时代街头巷尾众说纷纭的科技词语之一。无论在备受欢迎的电视脱口秀节目中，还是在信息技术和科学会议上，你都能听到这个词语。这是因为人工智能的蓬勃发展似乎势不可当，与此同时，更加新颖更加激动人心的应用程序使我们对未来的新希望和新机会感到心潮澎湃，但是也对潜在的威胁惴惴不安。正如人类文明史上所有高速发展的新事物那样，人工智能的拥护者和排斥者在数量上大致均等。孰是孰非，未来自然会有分晓。对于大多数人而言，人工智能是一种黑箱。就那些对这个话题了解得更多一点的人而言，另外一个能够激发他们想象力的热门词语"深度学习"不仅已经在各种语境中得到了广泛应用，而且被许多公司和产品巧妙地纳入自己的名称之中。如果你用谷歌搜索一下，就会发现谷歌能够反馈给你 7 亿多条信息，这个数量是"人工智能"词条的反馈信息的三倍。

深度学习（deep learning）是一种包含数十万甚至上百万的大量神经元的人工神经网络技术。你大概开始好奇算法在过去几年中如何发生变化才取得了从大学科学家的玩具到真真切切地改变我们生活世界的设备和应用程序这样令人难以置信的进步。答案大概会让你感到震惊。方法几乎没有发生多少变化。尤其是，你仍然会在最著名的深度学习应用程序中发现反向传播算法的权重赋值策略的变体。深度学习的主要理念和它在 20 世纪 60 年代得以推出时完全一致。那么究竟是什么使它在最近几年变得如此惊艳呢？主要的变化便是规模。人工神经网络领域中最大的问题和障碍是效率。曾几何时，计算机无法迅速处理太多权重更新问题。十分常见的是，模式识别学习过程会持续数周之久。设想一下，当某些方面出现故障了，就需要进行新一轮学习，那么就又会有几周时间浪费掉了。因为时间就是金钱，而且高效反馈会增加动力，所以这种解决方案就被资源和资金有限的商业科技主流淘汰掉了。

不久之后，云（cloud）计算的时代到来了，人们突然间就认识到，为了实现高速数据运算，你根本就不需要大型主机的机库式设备和数十吨重的存储磁盘。短短几年之间，学习算法的执行时间就从数周缩短至几分钟之内，这颗星球上的每个人都能够在一瞬间开展人工智能作业了。广泛的访问意味着数量庞大的应用程序和可以实现的商业规划。人工智能成为当今时代的金矿，这里就是聚宝盆，大型玩家普遍认为他们会在此投资数百万资金，甚至很快就可能投入数十亿资金。

在成功的深度学习应用程序案例中，最著名的一个当然是阿尔法狗。这个系统甚至令未来主义者都深感惊叹，而且使其他所有人都认识到了世界很快就会发生翻天覆地的变化。围棋，这款流传至今的世间最悠久的奇妙游戏之一，宛若人类设计的巧夺天工的堡垒一般，终于被攻克了。通过战胜了最强的人类棋手，机器证明了一切皆可自动化。为了创造阿尔法狗，深度思考公司的架构师将云解决方案的计算能力和某些先进的神经网络结构整合到了一起。详细信息可以轻松地通过互联网获取，所以我认为这些技术信息对读者而言并非不可或缺的。

尽管如此，解决方案中却有一些有趣的方面值得强调，而且与系统的学习策略有关。与国际象棋有所不同的是，如果想要成为一名优秀的（人类）围棋赛手，你无须强大的记忆力（完美的图形记忆力）去记住数以百计的棋局和开局策略。你不需要具备（在国际象棋中对计算棋位优势有帮助作用的）数学背景。事实上，在围棋竞技中，最重要的技能是想象力和分析全局的能力，如此才能把握大局。这就是围棋受众如此广泛而且人们常常将其视为古代军事战场分析的原因。对这两者而言，对局势的整体理解都是至关重要的。仅仅关注局部战况，虽然会促成个别士兵的小型胜利，但是会导致军队的整体失败。而且和战场有所类似的是，围棋的重要技能是预测敌军行动方案的能力。世界历史已经证明了，即使（兵力雄厚武器精良的）最强大的军队也曾经在与实力较弱却指挥得当的敌军对阵中遭到意想不到的摧毁。所以阿尔法狗的设计师们最初决定教给人工神经网络的是对敌手的下一步落子进行预测的能力。

学习集是由保存在各种赛事档案中的高手的围棋赛事记录所构成的（将学习集和普通国际象棋课程进行比较是有所裨益的。在象棋课上，学生会分析著名棋局，尤其是世界顶级选手之间的对弈）。在那场棋局结束之前，阿尔法狗一共调用了 57% 的对弈记录。这似乎不必多言。系统平均每尝试 100 次就会犯 43 个错误，这个程度距离为了获得学术成果奖学金所需要的成绩十分遥远。但是令人惊讶的是，这却足以跳跃到更加有趣的阶段了（所以要记住，学校的分数并不能代表一切，较之于根据需要回忆所学知识，使用知识的方式要重要得多）。

　　第二步是真正的创造力，这改变了我们看待人工智能的方式。当学习过程完成之后（对敌手的落子达到 57% 的有效预测），程序被上传到云中和自己（实例的副本）进行对弈。每个游戏都提升了其核心能力。既卓尔不凡又令人着迷的是，较之于我们通常与软件工程技术进行交互的内容而言，这项技术更类似于人类的行为和交流。然而，这却展示了一些更加令人激动的情况。这给一部颇有年代感的科幻小说提出的概念增添了清晰可见且又不可否认的证据，未来的计算机在达到某种程度的能力之后，将会在无须任何人类帮助的情况下自主进行能力升级。它们会以极快的速度学习，而且可能永远不会忘记所学内容（不像人类那样会因为疲倦和衰老而使所学技能逐渐流失），甚至远远超过人类最为聪明的智者。这大概意味着强人工智能也许会是人类最后的成就。而此后所发明的一切事物都将完全而且仅仅由机器在没有人类建议、支持甚至许可的情况下发明、设计和创造。甚至在某个阶段，人工智能将会彻底超越人类的认知范围。

　　就人工神经网络尤其是深度学习而言，无论现存的应用程序还是未来开发程序的潜力都是难以估量的，这些应用程序通常和对象分类及模式识别有关。如果我们对其深入思考一番，就会发现这种情况是合情合理的。模式识别是人类理解、认知和推理的首要特征之一。它能够帮助我们快速识别朋友和敌人，以及环境是否舒适或者危险。结果，人类的整个学习过程以及我们在一生中所掌握的几乎所有技术和能力，都因为眼睛后面日不眠、夜不休的复杂神经网络的永无休止的变化而不断地得到提升。我们无法控制这个过程，但是这个过程却控制着我们运动、感觉和思考的一切。所以值得再次强调的是，以人工神经网络为基础（至少在当今时代进行小规模）模拟人类大脑结构的系统能够变得如此受欢迎是不足为奇的。通常来讲，信息技术的基本目标是创造能够自动完成人类工作的系统，从而使我们的日常工作更加简单、更加舒适，以及让我们略过我们不再愿意执行的所有（重复性）活动。深度学习是这项挑战的一个完美答案，因为它将机器的精确性和人类的某些特殊能力整合为了一体。这就是我们必将从该领域听到越来越多令人激动的消息的原因。相对于寻找一片与这种技术无关的未来生活空间而言，列出数十个包含此类技术的成功应用程序要简单得多。人工智能试图模拟人类，我们可以期待的是，人工智能会在未来的某天以更加迅速、更加低廉、更加精确的方式完成人类的所有工作。

尽管你此刻大概已经有了更多了解，但是让我给你举几个人工神经网络应用程序的例子。深度学习成功应用于打印和手写字符识别（即所谓的光学字符识别）软件中，用于图片分析（所以我们仅仅通过将摄像机对准面部就能登录计算机或者解锁手机）和对图片或者视频剪辑中的物体进行识别（从而帮助识别城市网络摄像监控设备中的危险工具或者状况）。它也可以在医疗诊断中为医生提供帮助，譬如观察 X 光影像或者根据症状诊断疾病。深度学习方法使得汽车在没有驾驶员或者远程控制的情况下能够在道路上顺畅地行驶。原油勘探、语音识别、机场行李安全扫描……所有这一切都只是冰山一角。对任何对此尚不了解的人而言，现在都是时候应该懂了：我们距离革命仅一步之遥了。十年之内，我们的世界将会发生翻天覆地的变化。

✎　要点

- 人工神经网络是以人类大脑结构为灵感源泉的人工智能解决方案。尽管如此，两者之间的规模却是相差巨大的。人工神经网络是由成千上万个人工神经元构成的，而人脑则是由 900 亿个神经元细胞构成的。

- 单个人工神经元是一个简单函数，如果输入信号足够强，那么它就会被激活（将状态从 0 转变成 1）。根据应用程序的不同，激活可能以跳转切换的方式发生，也可能以更加平滑的数值变化的方式发生。

- 正如人类大脑中的情况一样，单个神经元没有重要意义。人工神经元（就像我们大脑中的神经元一样）彼此相连，会形成一个复杂的网络结构。每条通道都是由权重限定的，权重代表着这条通道的重要性。权重值越大，通道对网络技能的重要性就越高。

- 在开始时，人工神经网络既是虚空的又是无用的。人工神经网络的技能是在学习过程中得到提升的。在较高的层级上，学习过程是基于向网络提供一组例子和（针对每个例子的）预期答案的方式实现的。经过数次学习迭代（循环）之后，网络就能针对所展示的任务做出正确回答或者对模式进行正确识别了，从而使网络能够处理此前前所未有的挑战。

- 熟能生巧。学习的过程越完善，网络的技能就越高超。学习集（案例集）的质量和多样性是其中最重要的方面之一。如果你仅仅通过展示桦树的方式教育孩子识别树木，那么这个孩子将来可能不会将橡树或者苹果树视为树木。这种效应称为过度拟合。

- 100% 大概意味着完美。然而，计算的完美性不是人类所具有的特征。太擅长于解决特定问题仅会使赛手在面对其他方面的难题时呈现出劣势。为不完美留下一些空间，既会使网络能够概括问题，也会使网络能够识别更多模式。类似的是，在学习过程中，记忆定义和算法必须和创造力及实践课同步进行。

- 在较低技术层级上，人工神经网络的学习过程是通过操纵通道的权重实现的，更加重要的通道的权重会增加，而其他通道的权重则会降低。这与永不停息地发生在人类大脑中的过程非常类似。当我们学习（诸如弹钢琴、拧魔方、滑雪等）新技能时，负责这些能力的通道会变得更加强大，消耗更多能量，并且表现出更强的脑电波。另外，不经常锻炼的技能则会慢慢被遗忘，通道会变得越来越弱。如果你曾经学过外语，你就会清晰地认识到这一点，所有老师都认为，拥有地道发音和丰富词汇量的首要因素在于千锤百炼。

- 在学习过程中有各种各样的修改权重的算法，其中多数算法是基于错误率计算进行构建的。梯度下降优化算法根据错误率函数下降最迅速的方向执行权重修改（就像沿着最陡峭的路径下山一样）。模拟退火算法是基于跨越各种权重配置和减少跳跃长度的方式逐渐接近全局最小值的（类似于玻璃或者金属的退火工业过程）。

- 在计算机中，一切皆可由二进制的数字序列进行表达。这就是基于人工神经网络的应用程序数不胜数的原因。在这个技术阶段，计算机最大的局限性是缺少人类的创造力。

- 最值得你做笔记的重点内容：宇宙中最复杂的网络系统之一就位于你眼睛的后面。即使世界上最大的公司投入数不胜数的预算和资金也无法创造出一个可以（代替大脑）工作的复制品。无论你是相信神的创造、随机修改的混沌理论还是相信进化过程的完美，都无关紧要。但是有一件事情是不容置疑的：人类的大脑代表自然构造的最高水平。你对人类生理机能研究得越多或者对人工智能实践得越多，你就越会对人类大脑感到着迷、震撼和瞠目结舌。人类的大脑是无价的奇迹。

✎ 你的笔记

第三章
遗传算法：从加拉帕
戈斯群岛到电脑谱写的
交响乐

1836 年，一名年轻的英国科学家在英国皇家海军贝格尔号（HMS Beagle）上完成了他长达五年的航行。他在这五年之中对陆地、海岛、珊瑚礁和环状珊瑚岛的地质结构进行了分析，尤其是对它们的起源和随时间的变化进行了推理，并且对它们未来的销蚀进行了预测。广为流传的故事说，正是他对加拉帕戈斯群岛的游历点燃了一个思想的火花，使生物学在 20 年后发生了翻天覆地的变化。在岛上逗留期间，全体船员都以海龟作为主要食物来源，这个年轻人注意到龟甲的形状并不总是相同。当地居民甚至对事实进行了更加有趣的描述（龟甲形状的轻微变化清晰地指明了海龟的起源）原住民一看见海龟就能准确地说出这只海龟来自群岛中的哪座岛屿。尽管他并未收集任何样本（取他带回英国的三个品种不同的嘲鸫样本），但是他从未忘记观察结果。

1859 年，他出版了一本挑战彼时的生物学基础理论的书，永远改变了我们看待周围世界的方式。他在书中所提出的创新理论既简洁清晰又除旧布新。这部作品遭到了数十年的批判，但是也为作者赢得了不朽的声名以及近代学术手稿的顶级地位。这个年轻人便是查尔斯·达尔文（Charles Darwin），而这部名为《物种起源》（On the Origin of Species）的著作则描述了进化论的理念。达尔文不仅发现了某些受到分析的种群中的个体彼此不同（有时甚至堪称迥异），而且注意到了这些特征或者变异通常是从这些个体的上一代那里继承下来的。更为重要的是，他将这种情况的原因解释为：一切生物都试图尽快适应所在环境。

据观察，那些对环境的适应性较差的生物个体对伴侣的吸引力较差，并且因此使得它们向后代传递基因（遗传特征）的可能性降低。每个种群都会不断地修改基因，从而使下一代能够更加容易地在特定的环境里生存。也就是说，它们能够跑得更加迅速、（以更加强壮的肌肉或者更加锋利的牙齿和爪子）更加有效地捕捉猎物、对抵抗高温环境或者（诸如沙漠气候的）缺水环境以及距离现代更近的空气污染问题具有更加强大的能力。无论生物体型是大是小，也无论生物结构多么复杂，这条规则对居住在地球上（甚至在其他星球上，即有生命存在的所有环境）的所有生物都同样有效。

我们可以看到每年秋天都会变异（突变）的流感病毒。流感病毒适应得极其迅速，会导致上一年度的疫苗失效。细菌的情况也类似。我们生产和摄入的药品越多，细菌的耐药性就变得越强。这就是我们开始听到世界上出现了能够抵抗所有已知类型抗生素的所谓的"超级细菌"的原因（抗生素现在被使用得可能过于频繁了，以至于在根本不需要使用的情况下被滥用）。病毒和细菌的适应性非常强，每更新一代，人类都需要利用更加新颖的药品和疗法去处理。完全相同的规律也存在于宏观世界中。

当观看以动物王国为主题的任何电视节目时，我们常常因为动物所具有的一项项令人震惊的生存技能或者狩猎技能而感到惊讶（昆虫能够在水面上行走，变色龙能够改变身体颜色从而与周围环境匹配，鳄鱼的口腔具有每平方厘米两吨以上的咬合力）。当然这条规则也适用于我们人类自己。各种人类群体都能在生理上与他们当前的气候或者其他环境因素保持和谐。想想阳光直射气候炎热的非洲中部地区的居民。他们皮肤中的深色色素能够帮助他们降低太阳灼伤的面积和强度。某些对因纽特人的研究表明，他们对低温具有难以置信的适应能力。他们可以在不戴手套的情况下在户外建造冰雕，这对其他人类群体而言，这种情况则很可能会造成（包括冻疮在内的）严重的伤害。

第一节　毫秒级别的进化

进化是一种奇妙的自然机制，虽然细节非常复杂，但是同时却又很容易实现。一切生命体都会为生存而奋斗，这是最基础的本能——为了保持生命力而竭尽所能。受到敌人围困的老鼠是具有攻击性的，而且会释放体内的能量资源，以至于有时能够在两三只猫的攻击下成功突围。遭遇捕兽夹的狐狸会为了逃生而咬断整条被夹住的腿。人们也曾发现沉船事故的幸存者在船只失事数周后（尽管极度虚脱）依然具有生命体征。正因如此，古时创作的"长生不老泉"（一处能够让任何饮用泉水的人或者在泉水中沐浴的人重返青春的山泉）和哥伦布发现新大陆时的"大航海时代"等传奇故事才为人们带来了新的希望和期待。荒谬的是，许多人耗费了大半生去寻找不老泉的位置，却以失败告终……对永生的渴望从本能变成了着魔。尽管如此，所有大脑最深处的思想都是一致的。从昆虫到大象，地球上的一切生物都会尽其所能地延续生命。为了实现这个目标，生物会最大限度地适应周围环境。

这就意味着生物会永不停歇地变化，以此更多地获得能量（通过拥有卓越的视觉和嗅觉，灵活地运用肢体，以及在海拔更高的环境中毫无障碍地呼吸，更加容易地寻找和获得食物）、更好地避免麻烦（能够更快地逃离捕食者、拥有坚不可摧的盔甲、拥有敏锐的听觉和视觉），最终寻找一个健康的伴侣，从而确保自己的基因不会因为肉体的死亡而消逝。这就是自然界中的技术竞赛的全部精髓。

自然界中的所有生物都会为生存、安全和基因传播而奋斗，如果这几项基本要求都能够满足了，那就尽量去追求舒适的生活。适应周围环境是实现这些目标的一个关键前提。虽然身体结构的变化会很缓慢，但是变化却是经久不绝的，而且会在后续的每一代中都有更加显著的表现。生命的历史一次次呈现出难以置信的变异。例如，地球上最重要也最壮观的事件之一是始于大约 4 亿年前脊椎动物的登陆。你大概会对我将这个过程赋以壮观之名而存有疑问。但是请你对此思考一下，然后将适应在水域生存的鱼类和四足爬行动物比较一番。

我能肯定的是，较之于找出它们之间的某些共同特征而言，找出它们之间的不同之处要容易得多。尽管如此，生命的进化使鱼类开始在陆地上行走。即使在最怪诞的科幻电影中，这也是始料未及的事情。尽管生物学家们并未对细节问题达成一致意见，但是动物却因为受到了强烈的激励作用而迈出了这不可思议的一步。这主要是因为海洋环境的缓慢变化开始使许多物种感觉越来越不舒服，它们感到水中的氧气越来越稀薄，温度发生了很多变化，盐的含量也逐渐增高。

除此之外，彼时的海洋逐渐成为越来越多物种的家园。海洋从近乎空旷的荒漠开始变得过于拥挤，这增加了动物患病的概率，而且更重要的是，增加了动物之间的竞争。更多张嘴和更大的食物需求量使海洋动物越来越难以果腹。正如人们离开拥挤的都市搬到乡村去寻找空间、静谧和新鲜空气一样，脊椎动物也因为种种影响的作用而离开海洋去寻找新的栖息地。进化过程中存在着种种极其巨大的障碍（假如动物是人类的话，那么它们大概永远都不会亲自做出这样的决策），比如感官需要做出改变。不同环境中的视野和声音是完全不同的。例如，离开海洋的鱼类在其他地方实际上是既聋又瞎的。

对我们而言，眼睛长在脑袋上是天经地义的。但是如果你试图寻找世界上最好的外科医生把鱼的眼睛移植到躯干上并且保持它能正常工作的话，那么医生大概会对你哈哈大笑，并且列出这种手术不可能存在的几十个问题。头部和躯干承受的压力不一样，躯干必须具备与头部相同的气体交换能力和水体平衡程度，且躯干的防水性能必须更强。肌肉和骨骼的结构也必须进行改变，动物需要能够在对抗更大的重力强度的情况下行走。脊椎动物从海洋迁移到陆地的进化过程也在白垩纪末期造就了种类繁多、体型各异的恐龙。

那是霸王龙的时代，它是有史以来体型最大的陆地掠食者之一，人们常常称其为完美的杀戮机器。陨石撞击地球是最有可能导致恐龙在白垩纪末期灭绝的原因。如果撞击事件没有发生，那么进化就必然会使这个物种进一步变异，我们在当今时代也必然会发现体型更加庞大甚至更加恐怖的骨骼化石。或者，如果我们与恐龙之类的庞然大物分享世界的话，那么我们大概就永远都没有机会将人类文明发展到如今的规模了。然而，进化无时无刻不在进行，只是某些时候不太显著而已。它常常有助于生命体适应生活方式和优化遗传行为。尽管我们通常对此没有认识，但是进化却是区别某些雄性动物和雌性动物技能的一个因素。

当然，这并非定律，而且你可以举出许多针锋相对的例子，但是统计的数据却是一目了然的。在北欧血统的个体中，患有先天性色觉障碍的男性患者超过 8%，而同类疾病的女性患者则仅占 0.4%。女性区分和鉴别颜色的能力远远优于男性，这是有源可循的。古时，女性负责照看家庭，她们的职责是采摘植物、种植庄稼和准备食物。对于生存而言，清晰地鉴别对身体有益的植物和对身体有害的植物是至关重要的。另外，男性往往能

够更加迅速地识别移动的物体（我们有时称其为反应能力），而且在野外
拥有更好的方向感。这两项能力对于狩猎都是非常重要的，因为狩猎既需
要猎人能够在野外发现猎物，又需要猎人能够在远离村庄数日后找到回
家的路……

前文虽然有所提及但是并未强调的是，进化并非一个迅速的过程。毫
不夸张地说，进化取决于特定物种的个体寿命的平均长度。但是你是否意
识到进化需要数十代、数百代或者上千代（取决于变异机制）后世个体的
微弱变异才能使整体的变化既清晰可见又有所帮助。无论如何，动物王国
中的进化过程总可以描述为永无止境的生命循环。每个循环中的第一步都
是自然选择。每个动物个体都会为了生存而奋斗，并且努力将基因传递给
后世。这就是动物个体会寻找健康、强壮、适应性强的伴侣从而确保未来
家庭和千秋万代的后世子孙能够安全健康地生活的原因。带有预期特征的
个体更容易结合并繁育后代，而其他适应性较差的个体则常常在孤寂中离
世，而其基因也会永远地随之消逝。随着时间的流逝，"弱质"基因便慢慢
地从族群中被淘汰了。毫无疑问，进化的有效性是极其残酷的。任何无法
深度适应环境的个体迟早都会从历史中消失。为了使族群成为更加强大的
整体，个别基因和实体不得不做出牺牲。适应性更强的个体会进行交配，
进而繁育下一代。

这个过程周而复始，永恒不变。20世纪80年代，进化过程为某些计
算机科学家注入了灵感，使他们开始建立非严谨性分析和自动化操作的机
制。这些机制不受陈规的制约，亦不受不良习惯的限定（人们有时将其视
为迈向人工创造力的第一步）。虽然这些技术就连复杂的问题都能成功地解
决，但是算法却非常简单。就像生物灵感一样，我们以每代都会进化的个
体所组成的族群开始，最终以完美地满足我们需求的个体结束。这些方法

将进化的难以置信的力量注入信息技术的应用程序之中，同时处理自然界中最大的存在——时间。在计算机中，我们能够完全控制时间、描述环境、建造我们自己的族群和决定选择机制。整个过程并不需要几百万年的时间，而是在仅仅几毫秒的瞬间就能完成。

第二节 人工基因

正如我们在第三章中所了解到的那样，在信息技术的世界里，一切皆是数字。无论作为终端用户的你感知到了何种文件（文本、图像、视频、音乐、直播或者游戏中的虚拟现实），在幕后的设备深处，所有一切都是由数字 1 和数字 0 构成的长长的序列。类似的是，在机器中，任何问题或者答案以及所有部件的当前状况都是以同样的方式进行表示的。这些数字描述了计算机工作的内容、掌握的信息、存储的数据，以及能够与计算机协同工作的其他设备。数字对计算机进行了定义，并且使其独一无二。在了解到这种情况之后，科学家再次在人造世界和自然世界之间发现了一个有趣的相似之处。是如何发现的呢？因为我们所有人都是由独特的数据序列定义而成的。区别在于，人类的数据并非存储在硬盘驱动器上的数字序列，而是宛若艺术结构一般的两条漂亮的核苷酸分子序列。这种结构称为脱氧核糖核酸（DNA），它存在于地球上所有生物的每个细胞之中，携带着定义生长、发育、功能和繁殖过程的遗传指令。

换句话说，它描述了一个生命体从眼睛的颜色到具体的肌肉力量以及特殊的疾病倾向的所有身体状况。科学家决定根据这个相似之处去解决复杂的计算问题。让我们快速回顾一下第一章中述及的背包问题。背包的容量有限，而且考虑到窃贼需要携带背包从他破门而入的商店轻松逃跑，所以，背包所装的物体不能太重。那么应该携带哪些物品呢？是偷两台电视机好呢，还是偷三台笔记本电脑好呢，或者是偷一台笔记本电脑和四部平板电脑好呢？一切都取决于这些物品的具体价值和它们的重量和价值之间的关系。实践证明，寻找这些物品的完美匹配方案是没有快速答案的高度复杂任务。想要获得完美的答案，就需要尝试所有的匹配方式。你大概开始好奇这与脱氧核糖核酸之间有什么关系了……事实上，由窃贼背包里的物品所构成的任何组合方案以及任何潜在的可能结果都可以采用 0 和 1 的序列进行表达：

1	0	1	1	0	0	1	0	1	1	0	1	0	1	0	0

在这里，每个位置代表着一个特殊的电子产品，例如，第一个位置代表电视机 1 号，第二个位置代表电视机 2 号，第三个位置代表收音机，第四个位置代表笔记本电脑 1 号，诸如此类。同时，每个具体位置的值代表该电子产品究竟是装入背包之中（用 1 表示）还是留在商店里面（用 0 表示）。所以在上述数字序列的案例中，电视机 1 号被装入了背包，而电视机 2 号则留在了店里。虽然组合搭配有好有坏，但是重要的是，任何答案的组合都能采用这样的方式进行描述。任何提供给机器的问题（不只是背包问题）都能获得由 1 和 0 所构成的长度固定的序列描述而成的答案。在人工遗传算法中，这样的序列通常称为染色体（chromosome）。如此一来，生命的周期就可以通过计算机进行模拟了，如图 3–1 所示。寻找解决方案的整个过程遵循如下生物进化程序：所有一切都发生在生命周期之内，其间染色体可以视为存活的生命个体。这个过程中有识别越来越好的结果的伪自然选择，有取代复制的交叉，有模拟意料之外的基因变异的突变，还有新一代的诞生。所有一切都在周而复始的生命周期中循环，直到找到最优答案为止。当进化在计算机中进行时，一切都将会在几毫秒内完成。

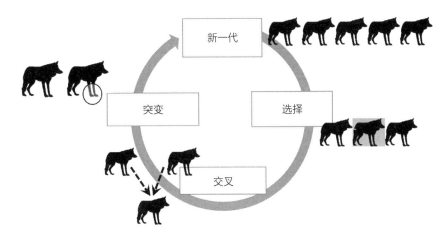

图 3-1　遗传算法周期图

第三节　生命的诞生

　　生命的起源是一个谜。这个谜既滋养了科学家的灵感，又激发了世界各地芸芸众生的想象力。尽管某些化学过程和早期阶段的进化步骤在今天看来很好解释，但是最初时刻，即大约在 40 亿年之前开始一切的那颗火花，仍然是一个尚未揭晓的谜团。某些科学分析认为，那是由多种气候条件、氢离子浓度指数（pH）较低的酸水和强烈的紫外线照射的幸运结合所形成的结果。在这个由极其特别的参数所形成的鸡尾酒环境中，无生命的分子在某一天偶然间碰撞，形成了最初的蛋白质。有些人认为，是神在一个特殊时刻开启了一切。也有另外一种假说主张，最初的生命结构实际上是隐藏在冰冻岩石碎块内部并随之降落在地表而到达地球的。这就意味着，我们在某种程度上都是我们自己用望远镜寻找的外星人。这个领域的艺术状态和宇宙哲学的宏观尺度有点类似。同理，我们也对大爆炸的情况以及大爆炸之后的一瞬间所发生的事情了解得非常多。但是，大爆炸又是由什么引起的呢？而且，如果在大爆炸之前既没有时间也没有空间，那么大爆炸是如何发生的呢？就生命的起源而言，也存在着为何生命会准确无误地在地球上诞生的问题，诞生在茫茫宇宙中数百万个星系之一的银河系的外围恒星之一的太阳的第三颗行星上。地球上的生命究竟是独一无二的奇迹，还是宇宙中平淡无奇的普遍存在？

我们在基于计算机的遗传算法中模拟进化过程。正如在自然过程中一样，我们需要模拟首批群体的诞生，这将会成为后续步骤的基础。幸运的是，我们无须对生命起源的诸多方面进行过多考虑（虽然知道答案，但是我们大概可以创建更加行之有效的人工机制）。取而代之的是，我们应该对此前做过的研究进行回顾：在信息技术的世界里，一切皆是数字。所有存储在磁盘上或者云存储器中的文字、图像、声音、音乐、视频或者游戏，任何应用程序的处理进程，或者任何屏幕上显示给用户的内容，事实上，所有这一切和其他更多内容都是由 0 和 1 构成的序列。大小在此无关紧要，在屏幕背后，现代的机器只是处理数字而已。加减法之类的简单数学运算，会将令人枯燥的数字串改变成我们视为技术或魔术的一切事物。

这样一来，因为一切事物都是由 0 和 1 以同样方式构成的序列，所以我们希望通过计算机获得的任何答案就都能以这种形式进行表达了。让我们假设我们所寻找的答案是背包问题。我们在算法的第一步中模拟生命的诞生，即初始种群或者一组具体种类的最初实体的创建。那么怎样创造生命呢？我们只需遵循生物学家提出的促使我们形成当今局面的侥幸猜测假设即可。一个偶然间开启了一切的因素组合。在遗传算法中，我们已经知道了序列的长度（例如，一个序列里的每个元素是指闯入商店的窃贼的背包中的具体物品），我们仅需找到每个位置的最优值。为了实现这个目的，我们绝对随机地选择初始个体（解决方案）。这些解决方案看起来就像下面这样：

1	0	1	1	0	0	1	0	1	1	0	1	0	1	0	0
1	0	1	1	1	0	1	0	0	1	0	1	0	0	1	1
0	0	0	1	1	1	1	1	0	1	0	1	0	1	1	0
0	1	0	0	0	0	1	0	0	1	0	1	1	1	1	1
						...									

　　我们需要选择群体的大小，这通常取决于我们所期望解决的问题的长度和复杂程度。在这个案例中，让我们假定群体大小是100。我们随机选择100个由0和1构成的序列。为了能够以恰当的方式处理这个问题，我们大概需要抛硬币100×16=1600次。所幸，计算机拥有内置的随机数字生成器能够在一瞬间完成获取起始群体的任务。眨眼之间，我们便会完成遗传算法的第一步。

第四节　自然选择

　　拥有了种群（population），即由染色体表达的个体集合之后，我们现在就可以适当地启动人工进化的过程了。为了执行这个步骤，让我们再对生物灵感回顾一番（关键因素是自然选择）。那些更加强壮、更加迅速、更加庞大，即通常来说更能适应周围环境的个体，即阿尔法[①]动物，会立即被视为更具吸引力的潜在伴侣。这有助于良性基因的遗传，从而为新生命提供更高的生存概率。当观察通常由单一长辈领导群体内部多数幼崽所构成的群居动物时，就很容易发现这种情况。与其相对的是最弱势的欧米茄[②]动物，这类动物将会被划入最糟糕的类别之中，成为种群内部最卑贱的成员。最强健有力的阿尔法动物广泛地播撒基因，而欧米茄动物几乎会永远受到

---

① 　即 α，希腊字母中的第一个。——编者注
② 　即 Ω，希腊字母中的第二个。——编者注

排挤而处于群体之外，没有一丝一毫将基因密码传给后世的机会。所有这些能够体现出更加优秀的环境适应性的特征都是众望所归的，因此会在很大程度上作为颇具吸引力的形象受到异性代表的青睐。

你大概会认为这是一种仅能在欠发达物种中发现的原始机制。然而事实并非如此。这些因素甚至会在某种程度上影响人类（幸运的是并非彻底控制人类，因为我们会驾驭更加高级的情感），在我们与他人构建新的人际关系时影响我们的决策。你只要想想广受欢迎的性感特征就会明白了。毫无疑问的是，那是当我们初次遇见某人时最先看到的特征。在开口说话之前，我们就已经能够判断出某个人是否对自己具有吸引力了。男性往往会受到女性丰满的胸部和浑圆的臀部的吸引，事实上这意味着潜在的伴侣会有迅速哺育婴儿的能力，而生育则更是不在话下。与此相反的是，身材颀长的运动型男孩成功邀请女孩外出的概率通常会更高一些。为什么？因为在女性眼中，在遇到危险时，强壮的男人更有能力保护伴侣和孩子。身材更高也会被视为更加具有掌控能力，因此能够在某种程度上确保她未来的家庭在群体中具有更好的地位。这就意味着，这些个体因为具有这些特征而能够在日常环境里处于更加舒适的生活状态。更好的适应性会带来吸引力。尽管我们完成了所有的自我发展，但是我们仍然在某种程度上受到这些从自然选择的基本机制中形成的自然本能的驱使。正因如此，匀称合度的天使面容和魔鬼身材常常成为美人的象征，而即使局部的畸形也会影响人的整体美感。为什么？因为匀称性是生物平衡和健康的同义词，而缺陷则代表着疾病、恶习或者充满风险的生活方式。

所以我们对自然选择的运行机制有了清楚的了解。现在我们如何才能将这种机制运用到人工智能领域中去？是什么使一条染色体比其他染色体更加具有吸引力的？就遗传算法而言，个体仅仅是给定问题的可能的解决方案。同时，(染色体试图适应的)环境是由所谓的适应度函数（fitness function）进行表达的，适应度函数会针对每个独立解决方案的适应程度做出信息反馈。例如，如果我们打算设计一个集成电路，那么初始产品大概就会是一个随机的电路图，而适应度函数将会针对这种解决方案的性能统计反馈信息。让我们再度分析窃贼闯入店铺盗窃的案例：染色体（数字序列）描述装配背包的各种可能方式，而适应度函数则可以表示背包所装物品的价值总额。背包所装物品价值（总额）越昂贵，解决方案就越好，环境的适应度就会越高。所以在我们的案例中，我们对最初（随机）生成的100条染色体中的每一条分别累计所选物品价值的总额，这个数值就会成为与该特定个体相关的适应度函数。我们还应该忽略重量总和超过背包容量的所有序列。即使这些物品非常昂贵，窃贼也无法带着这些物品逃跑，他事实上是什么都不会得到。所以为了略过这些情况，我们仅需将其赋值为 0（0 代表没有任何收益）。现在，当我们计算出了每条染色体的适应度函数的值之后，我们就能按照如下方式对其进行排列了。我们可以将所窃物品的组合方式按照价值总额从高到低的顺序排列：

染色体：																适应度函数值：
1	0	1	1	0	0	1	0	1	1	0	1	0	1	0	0	$1234
0	1	0	0	0	0	1	0	0	1	0	1	1	1	1	1	$932
0	0	0	1	1	1	1	0	1	0	1	0	1	0	1	0	$722
1	0	1	1	1	0	1	0	0	1	0	1	0	0	1	1	$712
……																

　　下一步直接参照自然选择的理念，只需选择排在顶端（适应性最强）的十条染色体，而其余方案则可以全部舍弃了。这样就可以在已经选择出的最佳方案中挑选一个小型子集了。

第五节　交叉：新一代创造新世界

遗传算法以启发法的方式工作，虽然这种算法无法确定最佳的可行方案，但是能够找到对我们的应用程序足够有效的答案。就像人类沿街散步时无须分毫不差地计算几分之一厘米的精确位置一样，机器也不需要消耗大量能量去寻找完美的答案。如果我们想要设计一个集成电路，那么我们可以设置一个我们期望电路能够达到的性能阈值。所以当我们已经（在前文中）找到了十种最佳解决方案之后，我们就可以花一点时间检验一下位居榜首的方案是否能够满足我们的预期了。在这种情况下，算法就可以停止了。非常幸运的是，我们仅仅通过随机尝试就找到了一个十分优秀的解决方案。否则，便是进入交叉（crossover）阶段的时间了：将伴侣配伍，从而产生新一代基因，即从亲本双方分别继承一部分基因（通常各占一半）所形成的组合。我们可以对分别由 16 个元素（0 或者 1）构成的十个序列进行操作。为了模拟基因传递过程，我们只需将每条染色体分割成两部分，然后将当前序列左侧的半部分染色体与其余所有序列中的右侧半部分染色体配伍。将这两部分结合之后，会形成一条由 16 个元素构成的新的染色体，我们便得到了从亲本双方各继承下来的某些特征的全新的变体。在遗传算法的极简版本中，遗传是通过简单的字符串更新的方式实现的，示例如下：

1	0	1	1	0	0	1	0	1	1	0	1	0	1	0	0	亲本 1
+																
0	1	0	0	0	0	1	0	0	1	0	1	1	1	1	1	亲本 2
=																
1	0	1	1	0	0	1	0	0	1	0	1	1	1	1	1	子代

因为我们将每个选择的实体都分割成了两部分，然后将其与其他实体的剩余元素进行结合，所以就会创造出 10×9=90 个实体，连同最初选择

的 10 个染色体形成由 100 个染色体构成的新的种群。因为新的种群是基于上一代的优秀个体创造而成的，所以每个种群都会达到优于上代的（平均）分数。简而言之，从有益于生存的角度来看，子代普遍超过了亲代的技能水平。它们更加高大、更加强壮，而且对于大规模感染具有更加强大的抵抗能力。无须多言的是，在特定种群内部有更多影响预期寿命的外部因素，例如，武装冲突、医护水平、科技程度、污染状况、本土传染病和全球流行病，诸如此类，不胜枚举。回到我们的遗传算法的话题，每个子代都包含有结果越来越准确的染色体（数字序列）。

尽管如此，我们需要记住的是，这采用的是启发法的技术，和现实世界的进化过程有所类似的是，它无法保证我们何时会获得完美个体（如果存在的话）。因此，在我们真正启动算法之前，我们就需要明白我们想要实现什么目标以及足够满足我们的值处于什么位置。换句话说，尽管我们可能无法得到最佳答案，但是我们会得到一个足够满足应用程序的需求的结果。举个例子，如果我们想要计算宇宙中的恒星之间的距离，我们就无须精确到米，甚至无须考虑千米或者数千千米，因为对于大多数业余的天文学目的而言，光年就是完全足够的单位了。也许有人会说，如此低的精确度是人工智能机制的一个劣势，但是事实却是，我们也是不精确的。而且矛盾的是，正是这些不精确性让我们能够有效地生活、工作和享受欢乐。与此类似的是，我们需要检测由遗传算法生成的染色体对我们的目的而言是否足够好。如果足够好了，那么我们就可以停止计算了。否则，我们就继续对新创造的子代进行（基于适应度函数的）选择，然后让其再次进行交叉从而产生新的优秀个体，甚至形成新的种群。

正如我们前文所述，在极简版本的交叉过程中，我们从 100 条染色体中选择 10 条（得分最高的染色体），将每条染色体平均分割成两等份，然后将每左半条染色体和其余的所有右半条染色体配伍。这是最佳方法吗？事实上，这取决于我们所考虑的应用程序以及我们期望在某个阶段达到的精度。当然，最重要的因素之一是时间。我们希望算法能够具有较快的工作速度，从而在尽可能少的迭代次数中获得一些价值不菲的成果。需要生成的世代的数量越少，计算的速度就越快。那么我们能够采取什么措施去提升进化的速度呢？我们可以操纵选择和交叉机制的许多参数。关于这部分内容我会在下述文本中讲解三个案例。

🚀 分割策略

　　我们在采取这个策略时会将每条染色体分割成均等的两份（每一份都在初始的 16 个数字中占有 8 个数字）。我们可以根据应用程序的实际情况考虑不同的分割比例。我们也可以尝试在不同的时间阶段采用不同的分割比例，譬如，对初代染色体采用长度均等的方式进行分割，而当进化机制逐渐活跃之后则对随后的几代染色体按照左半条染色体在长度方面大于右半条染色体的方式进行分割。这种策略有助于在特定数量的世代之后稳定染色体的部分结构。所以，打个比方，我们可以说，既然已经在部分程度上找到了解决方案，那么我们就想让现有解决方案的序列（染色体）的较大部分结构保持不变了。这和拼图游戏的状况有些类似。当一部分预期拼图已经完成了之后，我们就不想再对这部分做出任何改变了。另外一个策略是在染色体中随机选择位置截取片段（我们随机选择放置剪刀的位置，从而生成新的种群）。所以我们应该采取哪种策略呢？就方法而言，通常没有固定的限制，一切都取决于等待解决的问题，而且通常我们会先进行一些实验测试一下效果。此外，如果我们确实无法确定应该选择哪一部分，那么保持平衡就是最值得选择的策略。为什么？举个例子，如果我们按照 14 ：2 的比例对 16 位长的染色体进行分割，那么我们很快就会认识到，拥有 2 位长度的染色体的右侧部分仅会有四种可行的配伍方式，如下所示：

0	1	0	0	0	0	1	0	0	1	0	1	1	1	0	0	亲本 1
														0	1	亲本 2
														1	0	亲本 3
														1	1	亲本 4

这大概就意味着，这个比例迅速地（从 8 位长度片段的 512 种）降低了可行的组合数量，从而非常遗憾地使寻找答案的机会迅速减少。就像拼字游戏一样，如果你在开始时随意填写了一些字母，那么你完成这个游戏的机会就会非常低（除非你真的非常幸运或者拥有第六感）。

🚀 种群规模

在我们的案例中，种群规模为 100，但是通常来说，每个种群中的个体的数量越多，就越好。为什么？因为初代染色体是随机选择的，所以更多例子会为寻找更好的染色体创造更好的机会。这也意味着在交叉过程中生成更多的组合。所有这些条件都表明会更早找到预期的个体。需要注意的是，合理就好。因为种群太大也许就会显著地延长选择和交叉所需要的时间，而且可能会减少我们通过限制所需的迭代数量而获得的所有利益。换句话说，如果你在自然界中照顾野生动物，那么由数千只动物组成的大型种群和兽群就会为你提供丰富的多样性和观测大规模种群互动的机会，也会为你提供发现某些难以置信的个体的机会（许多生物学家终生在丛林中度过是不足为奇的）。但是代价是如此庞大的种群难以控制，而且自然选择也几乎无法追踪。所以，通常情况下，平衡才是王道。

🚀 选择规模

这也是非常有趣的。在我们的案例中，我们从（由 100 个实体所构成的）每个种群中选择了位于顶部的 10 条（最符合条件的染色体）。但是这是最佳解决方案吗？曾几何时，我做过一个小实验，通过植入同一个遗传算法的多个变体去解决背包问题。令人惊讶的是，当我将所选群体（将会进行交叉）的规模扩大至初代种群的 40% 左右的时候，找到答案的时间比预期大大提前。所以，需要再次强调的是，保持平衡是非常重要的。为下个阶段选择太多实体（例如，几乎种群的全部个体）可能会将整个进化过程延缓很多。它会降低适应度函数的影响，而且生物界很有可能会忽略不太重要的适应需求。另外，同时是更加令人着迷的是，如果我们选择的项目过少（例如，仅选顶部五个项目），那么进一步的交叉将无法足够迅速地提高染色体的质量。换句话说，如果你仅有几个接近完美的个体，那么就很难在交叉之后达到新的层级。它们太相似也太优秀以至于无法轻易变异了。这种情况也可以在遗传学中观测得到，混合的种群和更加丰富的生物多样性会使进化加速。位于遥远岛屿上的与世隔绝的小型动物或者植物种群通常与位于世界其他地区的类似物种的祖先具有较大的近似性。开始的时候，与世隔绝的小型种群会相对更加迅速地发生变异，但是如果没有任何新鲜的外部输入的话，变异就会急剧减速。如果回顾一下第二章，我们就会发现，这个问题与人工神经网络机制中的局部极小值的案例有些类似：算法本身不知道它究竟是朝着全局最小值的方向行进还是朝着局部极小值的方向行进。一旦进入局部极小值，就需要采取一些额外行动，从而走出局部区域，然后继续前行。你甚至可以将这种观测拓展到社会学领域甚至整个科学领域。在我们看来，孤立的社区常常以与数百年前的十分原始的生活方式一样的方式生活。当公司雇用了更有野心的新员工时，由于这些员工具有足够开放的思想，以至于能够开诚布公地指出某些重复性错误（墨守成规多年的顽疾），并且乐于分享新观点和新思维，所以公司就会开始以更快的速度发展。

进化是需要一些空间的。

选择和交叉的机制在高层次上都很容易理解，但是同时在技术细节方面却是具有挑战性的。正如在生物学中一样，我们必须对各种各样的问题进行思考。最近在转基因生物（GMO）生产、转基因食品、基于遗传学的医疗方法等领域的进展都表明，这个领域很快便会得到进一步探索。这也可能会为计算机控制的遗传算法创造一些新的理念。然而，我们需要针对这两种情况记住一点：无论对变异的所有后果进行猜测还是预测，都并非易事。这不是简单的砖块游戏。事实上这让我想起了一件与著名的爱尔兰作家萧伯纳有关的古老轶事。曾经有一个非常漂亮的女人向他求婚，希望他能够成为她孩子的父亲。

"想想吧，"她非常认真而又满怀激情地说，"孩子们继承了你的智慧和我的美貌，一定会非常完美的。"

"是的，我很高兴。"萧伯纳答道，"我只是担心遗传会以相反的方向起作用！"

进化喜欢遵循自己的路径，那是一瞥之下难以察觉的路径，就像雨林中的足迹一样。

第六节　我们中的变种人

突变（mutation）只是一种错误，或者我们可以说，突变是染色体计划之外的修改。通常来说，突变是有害的，会引起诸如唐氏综合征（21 号染色体的多余复制）之类的严重疾病、加速衰老（人体的某些系统或者器官过早变老），而最常见的问题则是引起各种各样的癌症。然而，世界上的生物种群中也存在着有益突变的例子。虽然遇见附近的漫威宇宙里的万磁王①的概率几乎是零，但是某些突变却给人留下了不可磨灭的印象。举个例子，科学家在一些欧洲的人类种群中发现了一种基因突变，这种突变可以使一些特殊人群具有抵抗艾滋病病毒（HIV）的能力，从而使其可以免受艾滋病的侵害，至少能够延缓艾滋病（AIDS）的进展。有趣的是，我们能够在 14 世纪遭到黑死病肆虐时的欧洲找到这种突变的起源。当时，这种变异帮助挽救了一些生命，正因为它对生存至关重要，所以它得到了传播，沿袭到了后世。所以非常荒诞的是，这种被人遗忘的中世纪疾病的微弱残余毒性可能有助于我们与非洲的艾滋病抗衡。无可辩驳的是，变异不仅在人类群体中发生，而是影响所有全球生物自然过程的普遍元素。某些对特定物种有益的基因序列并不一定会对人类产生有益的结果，对抗生素进化出耐药性的细菌就是一个例子。

生物在成长的极早阶段就可能发生突变。由于环境的影响，生物在生命周期内的某个时间也可能会发生一些其他突变。汽车尾气、烟草废气、烈性酒精饮品或者某些快餐食品中所包含的毒素，也有在细胞的层面上导致一些意想不到的变化的风险。长时间暴露在上述环境中势必会对机体造

---

① 漫威漫画中的超级反派。——编者注

成严重伤害。更糟糕的是，某些外部因素甚至在一次短时间接触中就可能会引发突变，紫外线（长时间阳光浴能够造成不可逆的皮肤伤害）或者电离辐射（正如切尔诺贝利核电站事故和日本福岛核电站事故所衍生的辐射）就是例证。最终，某些突变具有了自发性，而且起源无迹可寻。某些随机变化极有可能在自然进化过程中变得根深蒂固，从而使其能够在某些情况下加快进化速度，并且帮助物种更加迅速地适应快速变化的世界。诚然，随机而又自发的变异有时也会导致失败。只是累计起来，最终利大于弊。而且受到有害突变影响的个体很快就会在自然选择中遭到淘汰。自然之母往往是极其高效的。

我们在通过模拟进化过程的方式解决一些技术问题或者回答一些复杂问题的人工信息技术应用程序中，也能成功地应用突变。事实上，这只是编程的基础。对于随机选择染色体的一个细胞（即字符串中的一个字段）并且将其值做相反处理而言，这是足够的了。所以如果它以前是0，那么现在就变成了1，反之亦然，就是这么简单。请看案例：

1	0	1	1	1	0	1	0	0	1	0	1	1	1	1	1	原始值
								↓								
1	0	0	0	0	1	0	0	1	0	1	1	0	1	1		突变值

遗传算法的最后一步是突变。既然我们已经对一切都了如指掌，这样我们就做好了将游戏拼图拼接到一起的准备。

第七节　解决方案的进化

正如前文所述，现代信息技术中的遗传算法模仿的是我们周围已经发生了数百万年的过程。这个过程让形形色色的物种能够适应不断变化的环境，进化出能够帮助它们捕食猎物或者防御天敌的不同凡响的技能、器官和组织。如果我们花点时间琢磨一下，就会发现这些持续不断的艰巨过程的作用往往比好莱坞电影编导的想象力更加奇幻：犬类仅仅依靠一个遗留在空气中的有气味的分子就能追踪人类，蜘蛛网是如此坚韧以至于它成为凯夫拉防弹衣的灵感源泉，拥有视觉障碍的蝙蝠能够采用超声检测技术和潜艇导航技术所擅长的回声定位原理，以令人惊艳的速度在蜿蜒曲折的洞穴中飞翔。

动植物界极其复杂，至今仍令科学家们惊叹不已。时至今日，我们是否能够理解构成动植物界基础的所有从属关系都是难以确定的。而这一切都是以我们此前探讨的一系列极其简单的机制为基础的。所以将其视为颇为高效的人工智能技术的基础不足为奇。为了再次总结，就让我们一起来描述一下遗传算法的主要工作方式。整个操作过程分为两个阶段：第一阶段是准备工作，因此实际上所有事情都需要我们在启动计算机之前完成（所以，这是由开发人员完成的设计环节）；第二阶段是执行工作，所以实际上这是由计算机执行的一系列步骤，计算机在这个阶段极其迅速地向用户提供输出结果。

准备阶段（由人类完成）：

记下你想让人工智能寻找的解决方案。

采用染色体（面对由 0 和 1 构成的一定长度的序列，你需要定义数组中的每个位置都意味着什么）的形式定义解决方案（问题）。

选择适应度函数，即一个能够告诉你已经找到了你正在寻找的解决方案（未必是最优解，但是足够满足你的需求）的值。

启动将要执行的计算机程序。

执行阶段（由机器完成）：

创建一个初始种群（一组随机的染色体），例如，100 条染色体。

采用适应度函数对种群进行排序（最佳染色体位于顶端）。

检测位于顶端的染色体是否满足要求（适应度函数超过定义的阈值）。如果是，跳转到步骤8。

选择位于顶端的10条染色体，将每条染色体分割成两部分。

将这10条染色体中的每左半条染色体分别与其余的右半条染色体配伍。

新的种群诞生了（10×10=100条染色体）。

跳转到步骤2。

将位于顶端的染色体序列打印出来（交给用户的答案）。

无可置疑的是，这种人工智能机制需要利用一些编程技能去设计应用程序（编写程序，从而使计算机遵循操作步骤）。尽管如此，即使你对计算机的工作原理一窍不通，你也可以亲自尝试手动模仿。你只需准备一个纸袋，并在其中装入一组同样的80枚硬币。假设我们的目标是在一个8枚硬币的序列中尽可能多地得到硬币的正面，这样就能实现我们的目的。那么从袋子里取出8枚硬币，依次铺平，形成一个序列，如图3-2所示。

图 3-2　由 8 枚硬币构成的类似于染色体的序列

现在重复同样的动作，从袋子里取出剩余的所有硬币，一共排成10行。假设这些就是你的染色体。我们为算法设定的任务是尽可能多地得到正面，这就意味着，我们的适应度函数回答的问题应该是我们距离完美答案有多远。就我们的情况而言，这个函数可以简单地表示为一个序列中的正面的个数（其中8是最完美的结果）。在上述案例中，我们的适应度函数的值等于 3。现在为其余序列计算函数值。一旦这个步骤完成了，那么选择的时间便到了。这个过程非常简单：保持位于顶端的序列不变，将（适应度函数值最高的）3 个最佳序列分割成 2 部分，并且将各部分彼此配伍，从而形成（3×3+1）条染色体（图 3-3）。

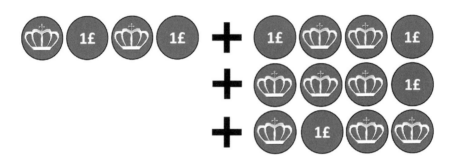

图 3-3　硬币染色体的交叉

　　你也可以（通过将某个正面换成背面的方式或者以相反的方式）随机增加一些突变，只要诚实就好！一定要确保你的突变真的是随机性的。一个更年轻更优秀的新种群诞生了。首先，检测是否已经存在一个由 8 个正面构成的序列。如果有，那么你就可以停止算法了，因为结果已经找到了。否则，继续计算适应度函数，选择最佳的 3 个序列，等等。你可以数数为了得到最终结果一共需要消耗多少种群，应该不会很多，但是你永远也无法真正知道。如果你喜欢这个游戏，那么你可以采用不同的参数重新尝试一番，看看是否能够以更快的速度得到结果。怎么样？再增加几个突变，选择 4 个或者 2 个序列创建新的种群，采用不同于 4-4 的方式分割染色体，譬如，3-5。你做到了。你用 80 枚硬币和刚刚学到的知识完成了世界上最令人着迷、最不同凡响的过程。

　　我希望你能够喜欢上述实验。当我们对所使用的算法进行更加深入地思考时，很快就能认识到，这个过程本身并非自然之母的唯一范畴，亦非计算机科学家们的唯一领域。假设有一个大厨想要做一盘既令人惊艳又标新立异的菜肴，那么为了获得更加广泛的知名度，即使带着一点运气，拥有米其林星级，他要准备一份特殊大餐，也是非常难的。重要的是，他不仅要善于运用草药和香料，也要有能力调制与众不同的淡雅口味与芬芳。这些菜品看起来既要与众不同又要令人难以置信，直到被亲口品尝之后才会让人恍然大悟、赞不绝口、无法自拔。那他要成功的秘诀就在于意想不到的组合方式和秘不外传的配料成分。通常来说，将两种令人赞叹的菜肴融合成一份世间罕有的佳品是制胜的关键。你能明白这与遗传算法的选择（令人赞不绝口的菜肴）和交叉（将两种菜肴的配料融合到一起）之间的异曲同工之处了吗？公认的是，众多理念和改变世界的伟大发明都是在类似的研究策略的基础上诞生的。将现存事物以崭新的方式结合起来，从而形成前所未有的新事物，产生新的需求，并且另辟蹊径，然后沿着新的方向推动技术创新和社会发展。若非这些创新事物一一问世，我们的世界怎么可能今非昔比：连环画（文字＋绘画）、陶瓷（石头＋玻璃）、冰激凌（冰＋奶油）、汽车（马车＋引擎）、电影（图片＋运动）、微软视窗系统（编程控制台＋可视化效果）、智能手机（计算机＋电话），以及社交媒体（互联网＋俱乐部）。

我们的社会、时尚和科技遵循着与自然界完全相同的演化算法。

第八节　信息产业的进化

采用遗传算法开发出的形形色色的应用程序已经非常之多，所以我们最好将它们划分为三大类，以便对其进行更加深入的研究。第一类涵盖了那些为寻找重要问题的解决方案或者答案而设计的应用程序。因为算法能够在一秒内分析数十万个种群，所以算法在一杯咖啡的时间里所配伍和检查的变体比科学家在一年的研究工作中所处理的还要多。这些算法有助于针对（此前已经探讨过的）背包问题寻找解决方案，亦可用于计算机游戏（所以，我们的人工对手会在虚拟战场上变得更加聪明而且更具挑战性）或者（在生产更加新颖高效药品的实验室中非常有价值的）脱氧核糖核酸结构的预测。

所有这一切听起来都很非凡，但是寻找解决方案仅是遗传算法的应用领域之一。遗传算法技术在设计领域中具有更大的用武之地。无论遗传算法听起来有多么超前，当今时代的许多工具或者机制都是不仅以计算机作为应用平台的，很多设计工作也是由计算机完成的。是的，这是采用遗传算法的第二类应用程序，机器设计并且制造机器。时至 21 世纪的第二个十年，这在地球上已经不再是科幻小说了。算法能够为交通工具推荐空气动力学的形状、分析复杂项目或者设计电路。乍一看，图 3–4 似乎毫无趣味。但是当你意识到这是美国国家航空航天局（NASA）的宇宙飞船天线以及这个复杂的形状完全是由进化算法为了优化辐射参数而设计的，一切就都有所不同了。由于采用了由机器设计的不均匀的奇怪形状，完美的空间通信成为可能。

如果遗传算法应用程序已经在你心里留下了深刻的印象，那就为最后一击做好准备吧。寻找解决方案和设计日常项目引领我们走进了令人更加兴奋的使用领域，因为这些领域仍然被公认为是纯粹的人类范畴，所以令人格外激动。接下来，欢迎进入人工创造力（artificial creativity）和人工艺术（artificial art）世界。这里采用遗传算法的第三类应用程序。无论你相信与否，在遵循自然规律的同时操作由 0 和 1 构成的序列的简单观念会创造出能够编写笑话、按照所选艺术家（譬如，毕加索）的风格绘画或者根据特定音乐家的灵感谱曲的系统。你也已经能够在整个互联网上找到贝多芬

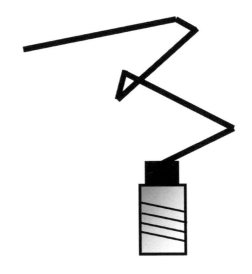

图 3-4　美国国家航空航天局小型天线的出乎意料的形状（概念图）

式的交响乐了，这些乐曲并非由他本人创作而成，甚至他自己都没有听过，但是众多评论家和专家仍然会将其视为他的作品。语言是另外一个领域。2016 年，一位人工作家（即一种机器算法）创作了一部小说，差点赢得了日本国家文学奖。

> ✎　要点
> - 进化是一个自然过程，它驱动着所有生物的发展和永不停息的变异，使每个下一代都能对特定环境中的生活做出更加充足的准备，譬如，更加迅速地奔跑或者更加有效地捕猎。
> - 遗传算法通过操纵由 0 和 1 构成的序列将进化过程压缩到几毫秒的时间之内，这些序列被称为种群中的染色体组。
> - 遗传算法的工作周期包括：选择、交叉和突变。
> - 自然选择是用于选择配偶进行繁殖的机制。更加高大、强壮或者因

为某些其他原因而更加容易存活的个体，被异性选择为配偶的机会更多。在信息技术中，选择是以所谓的适应度函数为基础的，这个函数用于描述当前染色体与预期结果之间的距离程度。

- 在自然界中，个体会两两配对，孕育下一代的生命。在人工智能世界里，算法的这一阶段称为交叉：将选择出来的优秀染色体（由 0 和 1 构成的序列）分割成两半，然后将这些染色体片段与其他片段——配伍。

- 突变是染色体的错误，（有害突变）可能会导致疾病，但是也能产生（诸如撒哈拉以南的非洲原住民体内的抗疟疾基因等）一些有益之处。在遗传算法中，突变是在染色体中随机选择位置上发生的简单变化。

- 遗传算法广泛应用于三个主要领域：寻找解决方案（或者某些重大问题的答案）、设计对象和过程、人工创造力和人工艺术。

✎ 你的笔记

第四章
蒙特卡洛方法对随机
样本进行分析

摩纳哥公国是全世界最小、人口最密集、经济最富有的独立国家之一。蒙特卡洛是摩纳哥公国的一个城市。这个城市北接法国、南濒地中海的风光旖旎的里维埃拉。最令蒙特卡洛闻名于世的是一级方程式锦标赛和赌博。无论你何时想到赌场和顶级扑克玩家的石头脸，你都会想到地球上的三个赌城：北美洲的拉斯维加斯（Las Vegas）、亚洲的澳门（Macau）和欧洲的蒙特卡洛。作为最著名的赌场之一，蒙特卡洛赌场已经有150多年的历史了，而且目前尚无任何迹象表明它会关闭。这与人工智能方法之间存在着什么关系呢？它们之间有一个关键的共同特征：二者都是通过从概率论中汲取知识的方式赢得赌资的。

尽管赌场中的诸多策略也是十分有趣的话题，但是本书我们将针对计算机科学和人工智能进行特别探讨。你大概开始好奇，诸如掷骰子、随机抽牌或者轮盘赌之类的不可预测的事物，是如何与以精确和效率为默认工作特征的工程师所使用的专业方法具有共性的。事实是，也许我们此前从未听说过这个名字，但我们却每天都在使用蒙特卡洛方法。假设有人向你展示一大盒乐高积木，然后问你盒子里哪个颜色的积木数量最多，而且有一个要求：你不能碰触盒子或者里面的任何东西，你只能看到顶层的表面，即许多层积木的第一层。这是一个棘手的任务，对吧？毫无疑问，在不知道下面情况的前提下，我们无法做出明确的回答，但是我们仍然能够进行逻辑缜密的猜测。如果我们能够看到的多数积木的颜色是黄色，那么我们就没有理由怀疑黄色也是下面其他几层积木最常见的颜色。如果你认为这个例子太抽象，那么就让我们再看两个与我们的日常活动直接相关的例子。第一个是我们通常所说的质量保证。你如何检查即将离开生产线的产品完全达到了设计要求？在巧克力工厂里，你无法对每块产品进行验证（拆包并且品尝）。你不仅没有充足的时间，而且更重要的是，咬过的巧克力棒就卖不出去了。那么工厂通常会采取何种方法呢？工厂会随机选择样本，检查巧克力的味道、浓度、质地、熔点和许多其他参数。重点在于，巧克力样本是随机抽取的，譬如，从大约 100 例或者 1000 例终端产品中抽取 1 例产品进行检验。

如果抽取的样本都能达到质量要求，那么公司就会认为同一系列的所有产品都会达到相同的质量。这个过程一直都是均等的，所以这种方法看起来十分正确。让我们看另一个例子，这个例子可以从你的厨房里就地取材。假设你正在为你的新朋友准备一道颇为得意的特殊烫菜。配方是你的秘密，一切工序都即将完成，现在是添加香料的时候了。你已经加入了一点食盐、胡椒和月桂叶。你要不要再加一点点辣椒面呢？该怎么做呢？你搅了搅汤（从而让各种香料和味道能够在整锅汤中多多少少会更加均匀一些），然后尝了一勺，就认为整锅汤的味道都是一样的了。世界各地一代代的金牌厨师都是这样做的。对于烹饪美味大餐而言，随机选择具有无可置疑的帮助作用。那么我们为何不将这种理念应用到计算机应用程序领域中呢？

计算机所采用的蒙特卡洛方法的理念遵循着与上述日常案例完全相同的机制：系统会对随机抽取出来的样本进行分析，从而对（因为太大而难以仔细地逐块检查的）分析对象得出总体结论。如果选择样本的方式足够优秀，那么结论就会与实际情况非常接近，而且相对于传统而又耗力的详细检查而言，我们就会节省许多时间（和精力）。听起来很神奇，是吧？但是足够优秀地选择样本意味着什么？为了满足这个要求，需要考虑两个方面：准备选择的样本数量和用于选择样本的随机程度。前者非常明显，你拥有的样本越多，你对最终结果的把握就会越大。如果你对西红柿汤、柠檬糖茶饮、一吨碳或者一大卷帆布之类的均质（类型一致）物体进行分析，那么少取几次样本就足以得出结论了。优秀的厨师在对菜肴搅拌得足够充分之后，仅仅需要品尝半勺食品就能对一个 20 升的锅里的食品的味道做出判断，然后就能胸有成竹地把菜肴端给食客，哪怕是面对挑三拣四的评论师也无所畏惧。但是如果检测对象更加多样而且成分彼此不同，譬如复杂的经济图表、装满五颜六色球体的游泳池或者（生长着数千种植物的）亚马孙丛林，该怎么办呢？在这种情况下，我们就必然需要抽取更多样本对整体进行现实性地描述了。举个例子，如果你只尝试一次，那么你大概会从游泳池中抓到一只黄色的球体或者从雨林中取到一株中等大小的树，但是基于这种策略所形成的结论永远无法接近事实。因为这样的结论会认为，游泳池中的所有球体都是黄色的，亚马孙丛林中的树木都是中等大小的而且只有一种类型，就像一座圣诞树种植园。所以样本数量对于结果具有很大影响，除非你正在分析的物体非常均匀，否则你选择的样本越多，你得出的结论就越精确。一般来说，蒙特卡洛方法用于寻找一个数值结果，而有待解决的问题是数值应该精确到何种程度。所以在一天结束之际，用户需要针对下述问题做出决定：结果能四舍五入吗？或者，需要在小数点之后保留四位数字吗？当然，这取决于应用程序，或者仅仅取决于我们一时间的心血来潮。无论如何，都无关紧要。真正要紧的是，你就在刚刚已经了解了成功使用蒙特卡洛方法的第一个秘密。后者让我们再次想起宽敞明亮的赌场大厅和精心隐藏值钱纸牌的扑克玩家。在接下来的几页文本中，"机会"（或者概率）和"任意"将会是频繁出现的两个词语。

让我们以一个简单的任务作为起始。从 1 到 100 之间选择一个任意数字。例如我们可以选择 23。现在思考片刻，再次从同一范围中选择一个任意数字。这两个数字真的是任意的吗？并非如此。在第二次尝试中，你已经知道了第一个数值，这会对你分析任务的方式和准备第二次猜测构成暗示。你有没有选择 22 或者 24，你有没有考虑过两个彼此邻近的数字无法被看作真正偶然的决定？我们更有可能从这个数字范围的另一部分选择第二个数字。在波兰国家彩票中，为了赢得满贯大奖，你需要从 49 个数字中猜出 6 个。笔者有一次和朋友一起买彩票时选择了 1、2、3、4、5 和 6，这是一个连续的选项。你无法想象我听到了多少随之而来的批评。所有人都说这简直就是在浪费钱，因为选择这样的结果几乎是不可能中奖的。

但是对于所有序列而言，概率（尽管低于 1300 万分之一）是均等的，是我们的大脑欺骗了我们自己。大脑在进化过程中根本就没有对随机数字的生成做好准备，特别是当我们因此而失去其他更值得珍视的技能时就更为明显，比如基于经验、记忆和感觉的分析性思维和学习。这就形成了一个悖论：动物越原始，就越容易进行随机选择（尽管动物因为本能，诸如饥饿之类的内在感觉和轻微光线变化之类的环境影响而永远都无法达到完美）。让我们暂时回到我们的任务。你脑海里有没有一个闪念想要再次选择 23？（两次选择同样的数字）你大概会认为这很荒唐。但是如果仔细思考这个问题，你就会发现从没有规定不能再次选择同样的数字。这就是我们的思维具有局限性的最明显的例子。当我们分析问题的时候，有些选项会自动被排除。那你选择的第一个数字，情况是怎么样的呢？遗憾的是，这个数字距离真实的随机性也非常遥远。你是在深思熟虑之后选择这个数值的，这就足以说明问题了。你是根据当前的感觉（例如，17 是我的幸运数字）、经验（例如，上次有人问我一个数字的时候，我选择了 10，结果执行者认为这个数字很难）和身体状况（例如，感觉真累啊，1 到 100 吗？那就 100 吧）等诸多因素做出的选择。

这绝非真正意义上的随机。相信我。同样的问题已经困扰计算机工程师数十年了。感到惊讶吗？无论何时，计算机中的软件生成的"随机"数值（不仅在游戏中，也在创建独一无二的密钥之类的更加严肃的应用程序中）都绝非真实的。这样的数值称为伪随机数（pseudorandom numbers），尽管它们在某种程度上看起来是随机的，但是事实绝非如此。因为存在一个关键原因：它们总是由确定性（非混沌性）软件按照算法逐步生成的。伪随机数生成器之间具有很大差别，横跨简单的数学公式和由军方或者秘密机构用于安全目的非常高端的多机系统。值得注意的是，最好的生成器以一种名为种子（seed）的特殊数据集作为计算的起点，这会得到与真实的随机性尽量接近的结果（所以这种生成器是由诸如鼠标移动、键盘输入时的停顿、计算机部件的温度和内存使用率的变化等各种因素共同组成的集合）。伪随机数永远都无法做到完全随机，然而，它却有助于使生成的数值看起来像是随机的。这对多数应用程序而言已经足够了。那么我们能不能找到真正的随机性呢？最接近的事物大概是骰子之类的赌场专用设备。因为根据法律规定，这些设备需要通过数千次单独的随机性测试并且得到认证才能获得使用的许可权。

对蒙特卡洛方法的精确性而言，上述两个方面都是至关重要的，即选择样本的数量（越多越好）和随机性（采样越接近真正的随机，就越对结果有益）。我们已经探讨过了何时以及能否在日常生活中使用这两项技术。比如用于品尝（或者用测试表述更明确）食物、检测茶的甜度，猜测大量球体或者乐高积木的颜色。但是我认为你仍然在等待更加不同寻常的东西，你此前大概从来没有考虑过针对特殊问题的解决方案。那么，你有一个更具挑战性的任务需要完成：仅仅通过一张没有比例尺的地图计算新西兰的面积。你需要说出一个（平方千米的）数字，而所有已知信息仅仅是地图的每个边缘都代表 1300 千米的距离。这应该怎么做呢？你能轻易算出整张地图的面积，即 1300×1300（千米）=1690000（平方千米）。但是接下来应该怎么做呢？当然，你可以试着将新西兰的面积划分成许多小块，然后采用高等几何图形的方式进行计算。这会是一个特别耗时的挑战，尤其是如果你想到由极其不规则的形状和参差不齐的狭长海岸线所构成的像挪威、加拿大或者印度尼西亚等更多复杂的国家地图时，就更会觉得头疼。但是有一个简单得多的方法可以完成这个任务，这便是蒙特卡洛方法的作用所在。我们需要做的是在整张方形地图上抛出（或者选择，这取决于态度，但是实际上无所谓）特定数量的随机点。让我们试试 20 个点。记住随机性。最佳方法是闭着眼睛在地图上选点或者在地图上丢一个小纸团。

　　然后计算击中新西兰边界范围内的某个区域的点的数量（纸团的数量）。这个方法认为，击中的点数和尝试的次数（本例中是 20）之间的比例反映着新西兰的面积和整张地图面积之间的关系。为了找到比例，你只需要用击中国家的点数（本例中是 3）除以所有的点数，所以 3/20=0.15。我们已经知道了新西兰地图的面积是 1690000 平方千米。虽然你可能会感到非常惊讶，但是我们距离最终结果仅有一步之遥了：

$$新西兰的面积 =0.15×1690000 平方千米$$

$$新西兰的面积 =253500 平方千米$$

　　我们随机抛出了 20 个点，尽管这些点是随机的，但是结果却与实际情况非常接近（新西兰的面积是 268021 平方千米）。不得不承认的是，我们的结果并不完美，但是足以应对大部分应用程序了。如果你在考试中以我们的数值作答，至少能够及格。而且我们可以通过增加样本的数量，换句话说，随机选点的数量来提高精确度。

第一节　独立事件

概率论听起来就像是由世界顶级大学的智商卓越的数学家们所研究的远离现实的理论集合。但是事实却是，这个理论是有史以来最为盈利的产业之一——博彩业的基础。你是否想过，就算无人能够真正预测轮盘赌抽取到的下一个数字是多少，赌场怎么能在一年之内赚到数十亿美元呢？所有一切都可以利用一个看似非常抽象的方程进行解释。整个理论的基础是作为样本空间一部分的各个事件之间的关系。样本空间是在某个具体环境中可能发生的所有可能情况的集合。假设你抛出了一枚标准型号的六面体骰子，那么样本空间就由 6 种情况组成，而 4 点朝上的机会（概率）就会是 1/6=0.17。通常来说，概率总是一个介于 0 和 1 之间的数值，其中 0 表示一个完全不可能发生的事件（例如，抛出一枚六面体骰子，却得到 7 点），而 1 则代表一个绝对会发生的事件（例如，抛出一枚六面体骰子，得到从 1 点到 6 点之间的任意结果）。如果我们将某个事件的概率记作 P，那么互补（相反）事件的概率就等于 1－P。所以抛出一枚六面体骰子之后获得除了 4 点外的所有结果的机会是 1－1/6=5/6=0.83。当我们考虑一些事件序列时，这个问题就会变得稍微高端一点了。在这里，一个最重要的定义是事件独立性。如果第一个事件的发生不会以任何方式影响第二个事件发生的概率，那么我们称这两个事件是独立事件。多次抛硬币就会满足这个要求：无论做过多少次尝试都不重要，得到正面的概率总是 1/2=0.5。但是要小心。正确结果取决于你对待这些事件的方式。如果你希望连续抛出五次正面，这就意味着，你使这些整体相互依赖，所以概率就远不是 0.5 了。你需要将各部分的概率结合（相乘）：

$$0.5 \times 0.5 \times 0.5 \times 0.5 \times 0.5 = 0.031$$

你想连续抛出 25 次正面？你当然可以继续尝试……你购买国家彩票中满贯大奖的概率会高得多，所以我认为尝试彩票听起来绝对更有意义。

在著名的三门问题中，事件独立性是非常重要的。你有没有看过一档名为《咱们做个交易》的电视综艺节目？我简化一下规则，挑重点说，节目组从观众中挑选出一名参与者，让他从舞台上的三扇门（A、B、C）中选一扇。其中一扇门的后面藏着一辆崭新的轿车，如果参与者足够幸运就能获得这份大奖，但是其他两扇门的后面都只是参与奖，要么是一个小吉祥物，要么空空如也。赢得大笔财富的概率理所当然是 1/3，但是游戏才刚刚开始。在参与者选择了一扇门之后（假设选择了门 A），主持人试图让综艺节目变得更加刺激，所以他让技术人员打开一扇未被选中的门，比如说是门 C，让所有到场观众知道那后面藏有一个参与奖。现在参与者赢得大奖的概率就更高了。此时，主持人提出了终极一问："你想改变最初选择，放弃门 A 选择门 B 吗？"那么不知所措的参与者应该怎么做呢？坚持他或者她自己最初的选择吗？只剩两扇门了，所以我们可以想象接下来的机会是 50 对 50，所以每扇门的概率是 0.5。惊喜来了。如果参与者决定改变选择，那么他 / 她赢得大奖的概率就会翻倍。这怎么可能呢？答案是，事件是相互关联的，打开门 C 会对进一步的概率构成影响。

让我们更加细致地分析一下这个问题。最初，在选择门 A 的情况下，赢得大奖的概率是 1/3，这个值是恒定的。毫无疑问，这意味着，在门 B 和门 C 后藏有大奖的机会（门 B 和门 C 的概率之和）等于 1－1/3=2/3。当打

开门 C 发现后面只是参与奖时，通过打开门 C 赢得大奖的概率立刻下跌至
0。然而，通过门 B 和门 C 获得大奖的概率之和无法改变，仍然是 2/3，而
此时这个概率值完全归属于门 B 了。这个结果表明了概率论有多么强大。
想象一下，如果明白这些基础理论，那么会有多少人能够在这个节目秀中
使赢得大奖的机会翻倍。务必记住结论：无论你想些什么，无论其他人多
么努力地让你坚守决定，有些时候变通才是真正的智慧。

第二节　圆周率为何值？

尽管数学清晰地证明了所有数字的集合是无限的，但是有一个数值在
长达几个世纪的时间里一直都在激发着人类的想象力。这个数值是圆周率
π——一个代表任何圆的周长和直径之比的常数，通常约等于 3.14159。π
是一个无理数，这就意味着我们无法用分数（两个整数之间的商）对其进
行表达。此外，这个数值不仅无法构成重复的形式，而且有时甚至会被视
为统计随机性的案例（尽管这还没有得到证实）。在长达两千多年的时间
里，最令人头疼的几何任务之一是把圆画成正方形：在仅利用圆规和直尺
这两种简单工具的情况下，画出一个与给定的圆的面积相等的正方形。这
个问题是在 1882 年发现的 π 的另一个特征的基础上解决的。人们认为这
个数值是超越函数的，因此大致可以推论出这样的正方形最终是无法构建
的。对于耗费了数年时光试图完成这项挑战的历代数学家而言，这个事实
可谓是当头一棒。尽管这个事实看起来不容乐观，但是这其中也存在许多
积极的方面。首先，由于他们的尝试，许多其他重大发现作为"副作用"
诞生了；其次，它也展示了科学最令人着迷的地方——你永远无法知道新
的重大突破何时会问世。它可能会在七年之后诞生，但是也可能在几天之

内就会问世。你可能某天一觉醒来就突然发现，世人纠结了几十年的问题已经有了答案。

尽管圆周率有许多有趣的方面，但是无可置疑的是，π 的一个特点一直都给数学家们提供着灵感的启发，即它是一种永无止境的竞赛，在 π 的近似值中寻找下一个再下一个数字的竞赛。π 的最初的结果是在古埃及、古印度和古巴比伦出现的，随之而来的是人们的巨大的科学兴趣：22/7=3.1429，10 开平方 =3.1623。但是关于 π 的近似值的真正革命来自阿基米德基于多边形的算法。这是一种虽然耗时但是准确的技术，这种技术成功应用了将近 1000 年，因此拓展了写下 π 的已知值所需的空间。这个算法非常漂亮，而且它非常简洁。这个理念是基于一个十分有趣的观察结果建立起来的。如果我们观察一个拥有越来越多的边的普通多边形，以三角形为起始，然后是正方形、五边形、六边形、七边形，等等，那么这些形状就会不断变化，以至于它越来越与圆形类似。你可以亲自试着画一画。所以阿基米德的主张是，画一个圆形和两个同样类型的多边形（例如，两个五边形），一个外切（所以，圆在五边形内部，而且圆与五边形的五条边全部有所接触），另一个则内嵌（所以，圆在五边形外部，而且圆与五边形的五个顶点全部有所接触）。现在，我们就能够按照传统方式计算这两个多边形的面积了（且无须知道 π 的值）。这两个结果会为我们提供圆的面积的上限和下限。多边形的边越多，多边形之间剩余的空间就越小，圆的面积就越精确。如果知道了面积，那么我们就可以利用众所周知的公式 πr^2 计算出 π 的近似值。让我们试着以正方形为例计算 π 的取值范围。

如果我们假设（无论假设何值，都不影响结果）圆的半径是 1，那么外切（位于外面的）正方形的边长就是 1+1=2，那么它的面积就正好是 2×2=4。那么圆本身的面积是多少呢？公式是 πr^2，而 r=1，所以结果正好

是 π。最后，我们应该计算内嵌（位于里面的）正方形的面积。如果你仔细观察，你就会意识到，我们可以认为这个正方形的面积是由四个（等腰直角）三角形构成的（图 4-1 中的虚线），所以结果如下所示：

4×（一个三角形面积）=4×（0.333×1×1）=4×0.333=1.332

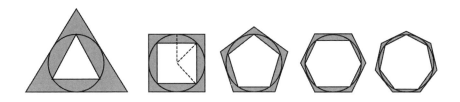

图 4-1　阿基米德的算法

注：两个多边形和它们之间所夹的一个逐渐缩小的灰色区域（π 是近似值）。

　　虽然一共只有区区几行文字，但是我们却能快速得到最终结论。只是有一个十分明显的观测结果需要回顾一下：外切正方形理所当然地比圆大，而圆又毫无疑问地比内嵌正方形大。所以它们的面积之间的关系给了我们对于 π 的最初估计：1.332<π<4。你大概不会对我们得到的数值的精度感到兴奋，但是你需要记住的是，这个数值永远不是一个纯粹的猜想。而且更为重要的是，它仅是以正方形为辅助条件时所做出的猜想。如果我们对边数越来越多的多边形进行考虑，那么我们将会找到越来越精确的近似值。（介于上限和下限之间的）猜想空间，或者称为错误率，又或者称为不精确程度，无论我们怎样对其命名，这个（图 4-1 中由灰色标示的）参数都在不断降低。我们完全可以肯定，阿基米德通过这种方法无可辩驳地证明了圆周率 π 介于 3.1408 和 3.1528 之间。几个世纪以来，数学家们，无论是专业人士还是业余爱好者，都前赴后继地利用边的数量极其庞大（数以千计）的多边形明确了（小数点后面）越来越多的数字。最为努力的研究者

之一是荷兰数学家鲁道夫·范·科伊伦（Ludolph van Ceulen）。他花费了人生中的很多时光寻找 π 更加精确的近似值。最终，他实现了将圆周率精确到小数点后 35 位数字的伟大成就。后人将他的这一创举铭刻在了他的墓碑上。为了歌颂他在这个领域的杰出贡献，人们有时将 π 称为鲁道夫数。

幸运的是，我们无须再消耗光阴去寻找足够好的圆周率近似值了。和前文所述内容有所类似的是，蒙特卡洛方法可以派上用场了。因为圆周率描述的是圆的周长（以及圆的面积）和直径之间的关系，所以我们能够再次以基本的几何运算作为起点。当我们在前文回顾阿基米德的算法时，我们已经做过一些工作了，所以当你看到清晰的相似性时，不要感到惊讶。让我们以一个圆和一个外切正方形为例快速计算两者的面积（我们这次也假定半径是 1）：

$$圆的面积 = \pi \times r^2 = \pi \times 1^2 = \pi$$
$$正方形的面积 = (2 \times r)^2 = (2 \times 1)^2 = 4$$

所以，如果我们决定用圆的面积除以正方形的面积，那么我们会发现什么呢……

$$圆的面积 / 正方形的面积 = \pi/4$$

换句话说，就是：

$$\pi = 4 \times 圆的面积 / 正方形的面积$$

　　如果你不是狂热的数学爱好者，那么就请不要把书抛开。因为所有公式的变换都已经处理好了。你能在最终的方程式中发现有趣的现象吗？它呈现了在圆的面积和外切正方形的面积已知的前提下简单计算圆周率 π 值的方式。当然，这些面积越精确，π 的近似值就会越精确。那么我们应该如何计算这些（面积的）数值呢？是不是有一种似曾相识的感觉？当我们此前在试图计算新西兰陆地面积的答案而陷入困境时，曾经遇到过类似的问题。这次我们将继续采用同一理念处理问题。这一切都是因为只要聪明地观察一番就足够了（尽管这项观察绝非一目了然）。事实是，为了计算 π 值，我们真的无须知道两者的面积。取而代之的是，我们只需得到圆的面积和正方形的面积之间的比值，无论你相信与否，这都是一个简单得多的任务。正如在新西兰的案例中一样，我们可以准备一个带有内切圆的正方形图例，然后在这个图案中抛点数。但是这次我想采取略微不同的策略，从而进一步增加随机性的程度。让我们画一些线段，将初始"地图"分割成 100 个小方块（一共十行，每行十个小方块），然后为每个小方块赋以一个编号（图 4-2）。现在忘记纸团，改用骰子。非常完美，如果你是角色扮演或者高级棋盘游戏的忠实玩家，那么你大概会有两个骰子——K10（分别标注着从 1 到 10 的数字的十个面的骰子）和 K100（分别标注着从 10 到 100 的 10 的倍数的十个面的骰子）。

　　如果你没有这些简单的随机设备，那就选择一个（移动电话应用程序之类可用的）数字设备，或者准备一个瓮，里面装上 100 个不重样的签。无论你喜欢哪种方式，都要尽可能确保这种方法具有随机性，并且确保你能够多次选择同一数值（对于采用瓮的情况而言，记得在下一轮抽签开始之前将上一轮抽到的签归还到瓮中）。正如你清楚地记得的那样，下一步是决定采样（尝试）的数量。样本越多，近似值就越精确。让我们以 20 个样

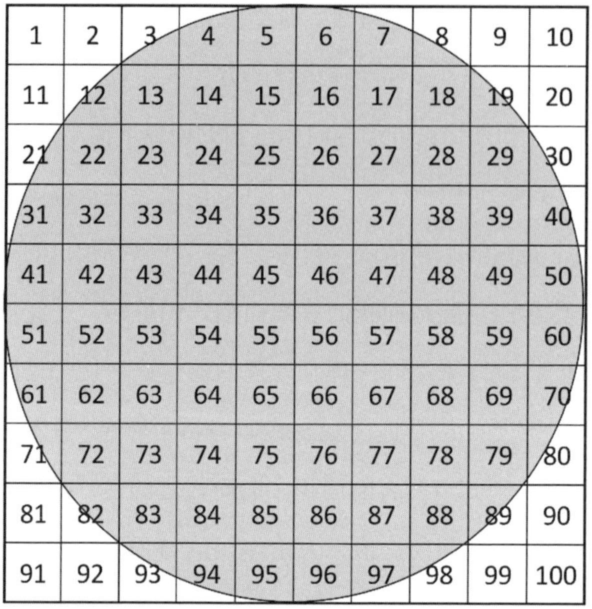

1	2	3	4	5	6	7	8	9	10
11	12	13	14	15	16	17	18	19	20
21	22	23	24	25	26	27	28	29	30
31	32	33	34	35	36	37	38	39	40
41	42	43	44	45	46	47	48	49	50
51	52	53	54	55	56	57	58	59	60
61	62	63	64	65	66	67	68	69	70
71	72	73	74	75	76	77	78	79	80
81	82	83	84	85	86	87	88	89	90
91	92	93	94	95	96	97	98	99	100

图 4-2 平均分成 100 等分的外切正方形

本进行尝试。所以此刻的任务是，从（骰子、瓮或者移动电话上的应用程序，这由你决定）1 到 100 之间随机选择 20 个数字，并且把它们写下来。我尝试的结果如下：

7	44
18	35
88	22
81	54 重复，但是无所谓
11	100
67	27
54	8
55	56
42	85
19	49

第二步是检测是否每个数值都位于圆的内部。如果位于圆的内部，我

们就在它旁边记下"1"，否则就记下"0"。对于由"12"所指示的在圆的内部和外部各占一半位置的情况而言，就记下"0.5"。你要认真做这个实验，然后来看我做的实验所统计出的列表：

7	0.5	44	1
18	1	35	1
88	1	22	1
81	0	54	1
11	0	100	0
67	1	27	1
54	1	8	0.5
55	1	56	1
42	1	85	1
19	0.5	49	1

下一步同样很简单，你只需要把统计出来的数值加起来。在我的案例中，这个数值是 15.5。现在只剩下将我们得到的数值代入我们的特殊公式中了。我们将位于圆内的点数视为圆的面积，将样本的数量视为外切正方形的近似值。不多不少。让我们检测一下 π 值是多少：

$$\pi = 4 \times 圆的面积 / 正方形的面积 = 4 \times 15.5/20 = 4 \times 0.775 = 3.10$$

这就意味着，我们的错误率大约是 0.04。所以，我们仅仅依靠随机掷骰子的办法计算出的数值就与 π 值惊人地相似了，你认为呢？当然，如果我们将正方形分割成更多小方块，例如 100×100 或者 1000×1000 个小方块，然后选取更多的样本，那么我们就能够毫无难度地提高精度了。我们的计算能力和技术水平是唯一的局限性。我们也可以利用计算机操作同样的程序。一个简单的程序就能在坐标系中随机选点，然后验证它们是否位于预定的圆的范围之内（或者这些 [x、y] 点能否满足圆的方程：$x^2+y^2 \leqslant$ 半径 ^{2}）。选择的样本越多，计算机所提供的伪随机数越好，精确计算出的 π 的数字就会越多。下述列表是我通过 Java 语言执行的一个小程序所得到的一些近似值：

10 个样本→ π =2.4（错误率 0.742）

100 个样本→ π =3.28（错误率 0.138）

1000 个样本→ π =3.108（错误率 0.034）

10000 个样本→ π =3.1336（错误率 0.008）

100000 个样本→ π =3.14244（错误率 0.0008）

1000000 个样本→ π =3.14192（错误率 0.0003）

所以，正如前文所述，我们选择的样本越多，我们可能得到的结果就越精确。每当我说起这个例子时都会感觉有点好笑。我们仅仅通过纯粹的随机性就找到了数学界最著名的数值之一。古希腊人花费了数年时光才解决的问题，我们仅仅通过在酒吧里掷骰子的方式就能解决。概率论的力量比我们对它的最初认识要强大得多。

然而，计算地图中的区域的面积或者估算 π 的近似值仅仅是蒙特卡洛方法最简单的应用。物理学家正是采用同样的方法为液体、气体或者分子建模的，医药专家也是采用同样的方法分析生物结构的。但是蒙特卡洛方法却不只适用于实验室中。蒙特卡洛方法也可以在商业过程中的风险评估活动（对公司领导为了避免失败而做出的各种决定的后续结果进行模拟）和公司准备完美的股票市场投资组合活动中使用。所以即使你是一个严肃认真、脚踏实地而又跃跃欲试的商务人士，也不要试图对一切都进行精确衡量。因为这是不可能的。有的时候，在裤兜里揣一个骰子要好得多。从事生产的人也对这个方法很了解，他们在设计集成电路、风力发电场选址或者配置无线网络时，也会用到类似的解决方案。即使你和上述职业全都无关，你也每天都会看到蒙特卡洛方法的结果。它在计算机游戏的人工智能引擎中和（诸如虚拟现实世界的）三维图像的光效生成中都有广泛应用。

　　蒙特卡洛方法是人类迄今为止创造的最简单的人工智能技术之一，同时也是一种广泛应用的方法。所以，当你下次嘲笑赌徒的时候，想想硬币的另一面吧。相对于玩轮盘赌时预测胜算的机会而言，概率论能为我们提供更多价值。

✎　要点

- 蒙特卡洛方法是通过在分析对象中随机选择样本然后在此基础上获得总体结论的方法。这和我们在日常生活中习以为常的做法完全一样（通过品尝几勺汤的方式去判断整锅汤的味道）。

- 这种方法的成功取决于两个方面：选择样本的数量（越多越好）和随机性的质量。

- 在计算机程序中实现高质量的随机性并非简单的任务。由计算机生成的数值没有一个是真正随机的，因为这个数值是基于预先定义的应用程序的序列计算出来的。因此我们常常称其为伪随机数。

- 相对于有史以来的最高级的系统而言，骰子的简单滚动要"更加随机"。这表明，为了使机器能够完美地模拟现实，人类还需要走很长的路。

- π =3.141592……是一个表示任何圆的周长和直径之比的常数。自从古时起，这个数值就给人们以启迪，令人们着迷。

- 蒙特卡洛方法广泛应用于科学、技术、商业和构建虚拟现实。

- 随机性比我们想象的更加准确。

✏ 你的笔记

第五章
语言处理：柏拉图
与专家系统

语言大概是人类创造的有史以来最重要的发明，甚至比众所周知的车轮重要得多。早在大约 20 万年之前，语言的出现就使诸如建筑工程或者高效狩猎等更多需要人际协调的活动成为可能。然而，这只是冰山一角。语言和言语为思想交流提供支持，这既是哲学的关键，也是我们所熟知的科技领域和工程领域的基础。如果所有人都不得不独自工作和发现世界，那么我们大概永远都要停留在石器时代了。讨论使头脑风暴成为可能，而积极和消极的反馈则不仅推动了人类个体的发展，也为人类群体和社会的发展提供了动力。语言也是教学过程中的关键因素。语言增强了社会关系和人际关系。由于我们能够对感觉进行定义和表达，所以我们拥有和其他人构建关系的工具箱。

除此之外，表达美好的事物和无法接受的事物成为建立在现代文明基础上的法律标准的基础。文字的发明大大拓展了可用的手段。它是创建文件、国际条约、资金和贸易的基础。它也成为开启历史的火花。你可以想想那些古老的编年史，它们让我们对我们出生之前的数千年的社会生活有了独特的见解。文字也推动了艺术的迅速发展。人们认识到，他们能够将自己的思想、信仰、想象和理念以实物的形式流传给后世。这类手工艺品能够比他们自己的生命持续得更加久远。以大写字母在世界历史篇章上书写名字的机会鼓舞了成千上万的人开阔思维大展手脚，从而流芳百世。

与他人交流的能力，尤其是使用语言的技能，通常会作为人类与动物的主要区别特征之一而得到强调。另外，它是人人都有的一项才能，无关国别、教育程度（的确如此，即使一个人没有受过教育，他也能通过说话或者唱歌进行交流）、宗教信仰或者生活方式。与其他技能有所不同的是，我们仅仅通过与其他人接触就能将这项独特能力练得炉火纯青。我们在一起的时间越多，我们能够达到的水平就越高；如果我们将自己封闭起来，那么我们就会忘记如何畅所欲言。我们甚至可以从哲学的角度来看待这个问题。非常矛盾的是，这项每个人都拥有的最重要的能力是无法通过自我训练、购买、寻找或者猜测获得的。和另一个人沟通是获得这项能力的唯一方式。语言是一种司空见惯的能力，以至于我们从未真心地欣赏过它。当你失去这项能力时，哪怕只是部分失去时，譬如，当你在异国他乡迷路，身边没有一人说母语时，你才能清楚地认识到它的价值。然后你就需要改用某些其他通用语言，于是突然之间交流就变得没有以往那样自然和流畅了。现在假设你空降在只讲当地方言的异国他乡，那么真正的挑战才刚刚开始。

你的状态在几分钟之内就会迅速转变。你从一个舒适的环境进入一个陌生空间，需要费九牛二虎之力才能获得食物，找到卫生间或者交通工具，从而仅仅保证活着或者离开。对你来说，这个案例似乎太抽象了，我可以给你一个数据，你思考一下。仅仅在印度，就至少有 1600 种语言（我没有写错，就是 1600 种）。在一些与世隔绝的小型村庄里，只有个别人会使用其他语言，从而使社区与外部世界进行交流。假设你发现自己处于这样的环境之中，与当地存在文化差异，那么你就不得不（小心翼翼地）依靠肢体语言进行交流了。这是无可置疑的。我们一定要珍视自己的语言和言语能力。它为生活带来的价值和产生的影响仅是看待这个问题的一种方式。

这些能力是如此普遍，甚至有些潜意识的自发性，以至于我们意识不到大脑需要完成多少复杂的运算才能保持交流顺畅。

我们的耳朵将声音（空气振动）转化为音节和词汇。我们的大脑会根据这些音节和词汇构建短语，并且对它们进行分析，从而寻找意义。意义必须与语境对应，因为同样的句子很可能会因为环境不同而得到不同的解读。从自动化的视角来看，上述每个环节都决定着信息技术所面临的真正挑战，它是如此纷繁复杂以至于构成了计算机科学中的一个完全成熟的独立分支。正如本书前文数次提及的那样：对人类易如反掌的事情却会令机器手足无措。

自然语言是人类与他人交流的基本工具。这是作为人类的我们历经数千个春秋进化而成的技能，所以它是如此直观、迅速和易于使用。所以我们正在研究与机器交互的类似界面是不足为奇的。亚马逊集团旗下的亚莉克莎（Alexa®）或者谷歌集团旗下的智能家居（Home®）之类的小型设备的成功就是例证。你可以将其放置在壁炉附近，仅须口头向其询问一些重要新闻或者事实，而无须亲自上网搜寻。这说明这个趋势既清晰明朗又未来可期。人机交互下一步的发展方向是其他家居商品、汽车（某些性能已经研发成功了）和许多其他物品。虽然利用语音控制机器非常奇妙，但是这只是自然语言处理（NLP）领域中的许多应用之一。

机器翻译领域里诞生了很多重要的应用程序，而且当前的解决方案可以使系统输出结果和专业的人类语言学家的译文比肩。研究者目前正在进行一些测试，通过机器翻译软件将畅销书的各个章节自动翻译成各种语言的译文，然后再将译文重新翻译成源语文本……在许多情况下，回译文本的质量与普利策奖获得者们的原作不相伯仲！所以，如果你的工作岗位是文件翻译的话，那么就应该学聪明点，寻找一下做职业口译的机会。毫无疑问的是，与文化信息和肢体语言相关的现场翻译将会作为人工翻译唯一的堡垒坚持得更长久一些。自然语言处理系统也在文本总结领域中得到了广泛应用。假设你有一本 300 页的书需要阅读，这必然会花费许多时间。然而，你可以利用一个系统将这本书总结为短短几页文本，而不遗失书中最重要的信息。你还记得当你在学校熬夜准备文学课程时花费的时间吗？我们大概所有人都在孩提时期梦想过有一台这样的设备吧。

　　类似的是，你可以在信息提取领域寻找应用程序。换而言之，你可以在数十个文件中巧妙地寻找一些重要数据，而且这会比标准的浏览器搜索深入得多。高级技术不仅能够使我们找到使用特殊短语的位置（它有可能出现在完全不同的语境中），而且它们甚至能够扫描整个数据库，试图对它进行理解，从而将所有事件整合为一个最终的精确答案。我们可以称其为人工间谍或者永不疲惫的秘书。有一点是肯定的：这些系统很快就会改变我们处理文件的方式。通常来说，随着自然语言处理机制越来越高级，人机交互系统将会进化到越来越高的水平。最初的人机交互可能仅仅是基于通过键盘输入具体命令（关键词）和在屏幕上获得一些数字输出来实现的。这是人类世界和机器世界之间的边界清晰而又稳定的界面，即简单的命令、数字的答案。

　　从那时起，我们进入了图形界面时代（桌面、图标、回收站，所有一切都让我们感觉屏幕是我们的私人办公室）。几年前，我们开始使用触摸屏，这缩短了人机之间的距离，介于人机之间的鼠标开始逐渐远离大众视野。如今，各种各样的新颖界面接连问世：虚拟现实（VR）、手势控制（仅适用于游戏和电视机），就连手机解锁都仅仅需要一个微笑就能完成了。完全自然的语音交互，以及通过语言和机器交流，成为进一步模糊人机之间边界的未来趋势。我们有时已经能够听到电话另一端的人工智能电话销售员或者网络上帮你将更多商品放入虚拟购物车的在线销售机器人的声音了。几年之后，我们将会无法鉴别究竟是在和人类交流还是在和机器交流了。

无可置疑的是，自然语言处理和知识采集有关。人类常常利用词汇和语句（演讲、信件、短信、书籍等）在彼此之间分享信息。当然，还有其他方式，譬如，数学方程、手势或者（通过绘画、音乐以及舞蹈分享情感的）艺术。尽管如此，对于绝大多数人而言，自然语言是交流的关键。人们能够利用自己的语言描述复杂的事件或者物体是不足为奇的。此外，当人们听到他人对事物的描述时，就能够想象得出正在讨论的对象。这使人们对世界的建模和构图在某种程度上几乎和我们使用语言和言语的方式一样自然而直观。我们使用语言定义概念，并且通过对这些概念进行匹配和分组的方式来收集知识。所以自然语言处理技术开始越来越多地应用于对我们周围的世界进行建模的应用程序中，这是不必惊讶的。这样的专业系统可以在许多环境中得到应用，在重要事实来自人类信息输入者而非来自信息技术数据库的情况下应用得尤为广泛。举个例子，也许有一个系统会从（足球比赛或者大型音乐会期间）聚集在体育场的人群中收集信息。

一方面，人们可以通过向系统发送信息的方式汇报危险情况和可疑行为，另一方面，人们可以向系统询问一些细节。对于为支持大规模事件的警力设计的 POLINT-112-SMS 的原型而言，这种理念是基础。这个系统不仅能够收集和处理那些涌入的信息，而且能够回答问题。除此之外，它还能预测（当两个人人皆知的匪徒因为互相靠近而可能引发的斗殴等）意外情况并且向领导部门进行汇报。（如警队、医院急诊科或者信息技术办公室之类的）任何总部的最大挑战之一是处理来自四面八方的大量信息（图 5-1）。

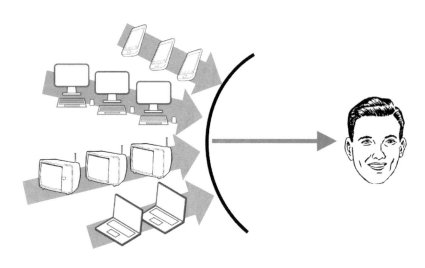

图 5-1　智能信息旁路

　　和上述系统类似的能够理解信息并且识别信息重要性的系统，可以从混乱的信息中过滤出关键事实，从而使我们能够询问细节，并且在需要查看细节的时候（无须发出指令）对其突出显示。这种理念可以称为智能信息旁路（intelligent information bypass），而且它已经开始改变我们组织服务、工作和私人生活的方式了。正如本书前文所述，当今时代的人们每天处理的信息比人类在中世纪时一生处理的信息还多。随着周围的信息越来越多，我们很快就需要一台这样的私人旁路，这样我们就不会被海量数据淹没。

第一节　句法：砖块游戏

　　所有书面交流的基础都是字母表（一组可以用于构建词汇的字母）。人们常常按照一定规则对这组字母排序，从而使其可以为一些项目编号，以及按照字母表的顺序排序单词。当今时代仍在沿用的很多语言都是以源于希腊字母的众所周知的拉丁字母为基础组建而成的〔拉丁字母在希腊之外的众多国度也很流行，尤其是在科学领域，例如，γ射线；技术领域，例如，应用程序的贝塔（β）版本；军事领域，例如，美国陆军德尔塔（Δ）部队；营销领域，例如，欧米茄（Ω）手表]。然而，需要了解的是，从太平洋地区布干维尔岛的 4000 名左右原住民使用的由最少 12 个字母组成的罗托卡特（Rotokas）字母表，到由 74 个字母组成的柬埔寨的高棉（Khmer）字母表可以看出，字母表中的字母数量在世界各地不尽相同。一个种群可以根据这些字母构建词汇，就像人际交流的"砖块"一样。构词也具有令人惊叹的丰富性。某些原始部落使用的词汇可能不到几百个，英语却拥有一百万个单词的庞大词汇量。当然，有趣的事情也显而易见。没有人会使用全部单词，就连普利策奖和诺贝尔奖得主也不例外。事实上，最近的研究表明，一个（在其他国民群体中出生和成长起来的）以英语为母语的人平均知道大约 20000 个英语单词，而当他或者她完成大学高等教育之后，就可能将这个数量翻倍。最终，人们认为，日常使用的英语单词不超过 5000 个。如果你将完整的英语词典想象成一本 200 页的书，那么生活在英国的普通人在日常应用英语时几乎不会翻过字典的第一页。

更多种类的词汇丰富了语言，使它更加庄严、美丽、朗朗上口。某些心理学家甚至主张，利用更加广泛的表达方式去描述人的感觉有助于人们生活得更加充实，从而可以避免抑郁。这听起来似乎显得非常奇怪，但是我们来深入思考一下这个问题。假设一个人正在将他或者她的情绪描述为"好"或者"坏"，那么任何没有定义成"好"的感觉就会自动变成"坏"的感觉，这就会使负面情绪加剧。如果将情绪的规模细化，那么就更容易发现情绪可能没有那么糟糕，可能更好一些。这就是为什么使用更多词汇丰富我们的感知是值得的……无论怎样，现在让我们离开心理治疗师的诊室，回到人工智能的世界。我们刚刚谈过，丰富多样的词汇会使语言变得更加有趣，但是使交际发生，仍然需要应用一项关键技法。无论你使用 5 个名词还是 50000 个名词都不重要，如果你没有将这些"砖块"黏合在一起，那么你就无法进行表达。在句子中黏合词汇的"水泥"称为句法（syntax）。这是一组构建和修改句子的规则和流程。在自然语言处理的情况下，句法主要和语法有关，用于将词汇识别为言语的特殊部分（例如，名词、动词、形容词、副词等）和分析语法（哪部分是句子的主语，哪部分是句子的谓语）。我们举个例子：

The man drives a new, red mustang.（这个男人驾驶着一辆崭新的红色福特电马汽车。）

你能在这个句子里看到两个名词，但是其中之一是由两个形容词描述的。两个名词都通过一般现在时与一个动词相连。"man"是这个句子的主语，即最主要的部分，而"mustang"则作为宾语使句子的意思完整了。这是一个根据英语课堂所教授的语法规则构建而成的恰当的句子。遗憾的是，这完全是纸上谈兵，因为现实世界并不总是如此直白地遵循原则。人们喜欢走捷径，句子有些时候会被省略一些成分，因此会断裂，最终导致人类犯错。这是十分常见的现象。所以，任何设计用于支持人机交互的系统都需要解决句法错误，这并非易事。对于我们而言，书写比说话更容易控制（这就是当人真正生气时发邮件总比打电话更好的原因）。这还没有结束。在诸如英语之类的许多语言中，单词在句子中的顺序会影响句子的意思。所以，如果你改变词序，那么可能会产生完全相反的意思。举例如下。

Cats eat mice.（猫吃老鼠。）Mice eat cats.（老鼠吃猫。）

所以对于机器而言，遵循正确的语序是另一项挑战。如果有人使用俚语，或者采用著名的绝地武士尤达（Yoda）那样的特别说话方式，那么这可能会是一项棘手的任务：

Once you start down the dark path, forever will it dominate your destiny, consume you it will.

译文：一旦你开始走上黑暗的道路，它将永远主宰你的命运，吞噬你。

句法为先进的高效系统带来了许多有待解决的问题。尽管如此，这却只是刚刚开始。一个开敞篷车的家伙说过一句令人深思的话。他说，"driving"是什么意思？我们对此一点即通，但是计算机却百思不解。"mustang"是一种马吗？"the man"又是谁呢，你确定他不是我自己吗？如果没有强制性的主控，那么我们就几乎没有其他技术方法能让应用程序明白我们的语言了。

第二节　从一词障目到一目十行

了解一个句子的句法结构对于分析句子是至关重要的。如果没有正确地完成这项任务，那么接下来你将无路可走。但是，句法本身无法告诉我们太多信息，譬如，这个句子的真正含义是什么，阐述句子的用意是什么，说话人在说出特定话语后会期望发生什么。所以，在自然语言处理句法的过程中，第一步是文本分析，接下来是理解文本。这个阶段称为语义学（semantics）或者（语言学分支的）词汇语义学。相对于此前完成的句子结构分析而言，语义学阶段通常更具挑战性。究其原因，大概介于语言经过数千年的演化形成的丰富性和人类根据一生积累的经验所形成的感知复杂性这两者之间的某个位置。尽管孩子刚出生时是一无所知的,但是孩子会随着成长而认识世界、了解新事物、接触新情况和参加新活动,并且迅速地将这一切与新的词汇、短语和表达方式结合到一起。虽然成年人能够理解他们听到的多数句子,但是绝对无法做到对所有句子都了然于心,这取决于他所接受的教育、擅长的专业方向、到目前为止获得的经验(例如,旅行拓宽了视野和知识面)以及他所在的社会团体。现在假设有一台对主板之外的世界毫无经验、毫无知觉、一无所知的计算机,如果你将这两种情况进行对照,你就能轻易发现语义分析究竟有多么复杂和发人深省了。

对于诸如系统控制、自动语际翻译、文本总结或者摘要等多数自然语言处理应用程序而言,语义都是至关重要的。尤为重要的是,如果没有语义,那么人机交互就无法获得成功。如果我们回顾一些像斯坦利·库布里克(Stanley Kubrick)的《2001 太空漫游》(*2001: A Space Odyssey*)、雷德利·斯科特(Ridley Scott)的《银翼杀手》(*Blade Runner*)或者史蒂文·斯皮尔伯格(Steven Spielberg)的《人工智能》(*A.I.*)之类的电影,那么我们就会毫不惊奇地发现,语义研究多年来一直都为众多科学家和艺术家提供着精神动力。毕竟对一个既会说话又具有理解能力的机器的设想,就是对一个由人类创造的如同人类实体的人工机器人的设想。

语义分析并非微不足道的任务。某些最初的尝试是基于将句子直接转换或者翻译成词汇序列的方式完成的,所以每个单词都有一个精确定义的含义。这仅仅是听起来容易。公元前 4 世纪的亚里士多德是哲学和科学先驱之一,人们往往将他和名言"整体大于部分之和"关联起来。用这句话形容单词和句子,简直再完美不过了。仅仅知道构成句子的词汇的意思是很难理解整句话的意思的。一个单词通常含有多个意思,而且多个单词常常按照一组搭配使用，称为词组（collocation），这能够对词义的确切翻译构成影响。举个例子，观察如下四个简单的短语：

> hot chilli pepper（辣的辣椒）
>
> hot girl（性感女孩）
>
> hot kitchen stove（热的厨灶）
>
> hot news（热门消息）

　　尽管 hot 这个单词出现在了每个短语中，但是它在每个短语中的意义完全不同。显而易见的是，对于如何理解形容词和整个短语而言，每个短语中形容词后面的名词才是关键。当然，事情并非总是这么简单。举个例子，如果我们仅仅说"hot dish"而没有更多语境信息，那么我们就会无法确定"hot"究竟是指温度还是指香料的等级。这说明事实很残酷。任何逐字直译都有发生错误的风险。只要句子和上述案例有所类似，那么翻译的结果就会非常有趣，或者在最糟糕的情况下会形成蹩脚的译文。如果假设我们对全球和平会议或者大型国际合同进行翻译，那么一些对原文的错误理解就可能导致长达数月的外交危机或者严重的收入损失。语言就是工具，有时甚至比刀枪更加锋利。此时的精确就有可能节省资金、挽救关系甚至拯救生命。

　　语义分析领域里的技术多种多样，而且有越来越多的新方法正在诞生。我们就不在此对太多技术逐一浏览了。这并非因为它们了无生趣，更多原因在于本书的理念并非成为百科全书，而是成为一本展示思想和理念的指南，从而鼓舞读者继续钻研。至少，我希望本书能够起到这样的作用……

　　一个既快捷又简单的语义分析方法是看关键词（keywords），这就像听起来一样简单。也许你会认为这与此前所述的所有一切都南辕北辙，你认为，一个单词不可能帮助你理解整句话。诚然，根据句子中的某些特定词汇对这句话进行完整分析是很难的。尽管如此，人们却可以利用关键词成功地支持人机交互。当然，这是一个虽然快速但是并不流畅的解决方案。这是怎么做到的呢？很简单，机器只要检测用户所说的话中是否包含任何或者所需数量的特定词就行了，然后提供一个解释，并且与用户一起对其进行验证。毫无疑问，这会通过额外的问题拓宽交流的范围。但是从另一方面来看，这同时也对信息的含义进行了确认。请看如下案例：

用户：…… scan …… viruses ……（……扫描……病毒……）

系统：Would you like to scan your computer to look for viruses and other security vulnerabilities?（你是否要扫描计算机以查找病毒和其他安全漏洞？）

用户：Yes.（是的。）

系统：Roger that.（收到。）

所以当看到（听到）一句话中同时包括"scan"和"virus"时，系统就会推测用户的需求和安全扫描有关。当然这句话也可能是其他意思，但是这种特殊理解的概率更大。用户大概不会随便和一台机器谈论自己的健康状况，告诉它医疗语境中的病毒和 X 光影像。如果你想问下一个问题，那么答案会是"是的"。尽管乍一看这不太明显，但是数理统计会在自然语言处理领域里提供许多种不同的解决方案和方法。关键词技术还涉及一个广为言说的都市传闻。这个传闻说的是，美国国家安全局（US National Security Agency）拥有监控任何通过网络发送的信息的技术手段。所以，如果你发送一封同时包含"president"和"bomb"这两个词语的电子邮件，那么这封邮件将会在几分钟后才发送给收件人，从而为美国国家安全局的系统留出通过邮件进行追踪并且对其进行更加细致分析的时间。无论这个传闻是真是假，它都表明了关键词解决方案的一个非常好的用途：虽然无人能够迅速理解所有文件，但是你仍然可以非常简单地将那些应该更加细致考虑的文件筛选出来。这是一种在千万亿字节的无用信息中识别重要数据的早期筛选方法（当然，这种方法并不完美）。

上述方法既迅速又简单，但是如果系统想要对接收到的信息做到彻底理解，那么系统就必须理解我们所谈论的对象在现实世界中的关系。为了解决这个问题，当今的科学家从两千多年前的古代哲学家发起的探讨中找到了灵感。现在让我们来回顾一点历史。大概是公元前 5 世纪时期的柏拉图率先分享了他关于构成世界的物质的起源和结构的思想。柏拉图为了阐释他的著名观点，讲了一个寓言，我们今天称其为柏拉图的洞穴：所有人都像关在狭小洞穴中的囚犯，我们既无法看到洞穴的入口也无法看到外面的篝火。我们只能看到面前墙壁上的影子。但是这些影子并非真实的事物，而仅仅是存在于我们认知世界之外的真实物体的反映。与此类似的是，此时此地的人们也无法真正看到真实事物（想法）的原貌。他们只能看到真实世界的影子。如果我们对这个问题思索一番，就会发现《黑客帝国》（Matrix）系列电影距离这个古代理念并不遥远。自柏拉图时代起，人们对世界结构的探讨就一直争论不休，而且颇有可能延续下去，永无止境。柏拉图提出的本体论（ontology），让对存在和存在类型的研究成为存在和现实。

作为柏拉图最著名的学生，亚里士多德继承并且发扬了他的理论。亚里士多德的伟大理念之一是提出了针对任何存在物体的众所周知的属加种差定义法（genus–differentia definition）。他认为任何定义都由两部分构成：

- 属——这个物体属于什么家族？
- 差异——是什么使其与家族其他成员不同？

　　举个例子，正方形是边长相等（差异——这个特征能够将正方形和其他长方形区别开来）的矩形（属）。生物学领域也采用了同样的技术，例如，生物学家将哺乳动物定义为以毛发、中耳骨和乳腺为特征的脊椎动物。你在维基百科上可以发现描述定义的类似方法。现代人工智能领域的解决方案也采用了完全一致的技术去构建一种概念图，从而使机器能够理解彼此之间的关系。的确如此，在修改"脱氧核糖核酸"和"太空旅行"的时代，人们将这个拥有两千年古老历史的定义应用到了改变世界的技术当中……这张人工概念图的基础构件是同义词集合（synset），亦称同义词环。这是一组同义词，从语义学的角度来看，这些语言学元素是等价的。换言之，我们可以对任何句子中的短语进行替换，而不改变整句话的意义。我们以下面这个同义词集合举例说明：

car、auto、automobile、motorcar

　　所以，在句子"The man was driving a new, red car"中，"car"这个单词可以由上述同义词集合中的任何其他单词替换，而句意不会改变。表示它们之间的依赖关系的同义词集合的总集称为本体。其中最大的一个（包含超过 100000 个概念）是由普林斯顿大学的研发人员创造的。在同义词集合（概念）之间存在着各种类型的关系。人们将（严谨承袭亚里士多德的定义）最重要的一种关系称为上下义关系（hyponymy）（这个单词源于希腊语"hypo"，意指"之下"）。这种关系将两个同义词集合连接起来，其中一个同义词是另一个同义词的特殊变体。例如：

轿车（car）是车辆（vehicle）的下义词（它的上义词源于希腊语 "hyper"，意指 "超过"）。

步行（walk）是移动（move）的下义词。

蓝色（blue）是颜色（colour）的下义词。

另一种常见的依赖关系是部分整体关系（meronymy），它描述了部分和整体之间的关系。例如：

轮子（wheel）是轿车（car）的一部分。

脚步（step）是步行（walk）的一部分。

在复杂的系统中，尤其是在为了支持人类决策者而设计的专业系统中，这种类型的本体变得至关重要。所以，如果这样的系统发现了一把刀或者左轮手枪的信息，那么由于内置的网络词汇结构，系统会迅速将这个词语识别为武器或者危险物品的下义词。应用程序在了解到这一点之后就会立刻通知管理者，以便采取进一步行动。

我大概是在 15 年前初访美国的。横跨大西洋后，在佛罗里达州人工智能学会的会议上展示我的研究令我百感交集、万分激动。我住在迈尔斯堡附近的一家小型汽车旅馆里。一天晚上，我向工作人员询问距离最近的购物中心在哪里。工作人员告诉我："左手边，直行，10 分钟。"然后我就走出旅馆直奔购物中心而去。大概 15 分钟之后，我发现自己身处黑暗而又空旷的马路中央，而且马路两旁没有人行道。当我发现周围的景色和特鲁格尔·哈尔（Rutger Hauer）的《搭车人》（*The Hitcher*）的故事背景类似时，顿时感觉心里开始紧张。四周一片黑暗，前方有几盏灯，我走了很远才到了那里。那是一个加油站。我走进去，又问了同样的问题：

"沿着这条路，继续前行 10 分钟。"对方答道。

"你确定吗？再走 10 分钟？"为了搞清楚，我又问道。

"步行？！"那个人停下了手里的活，一脸惊讶地看着我。

从时间的角度来看，这段经历实在是太有趣了。这说明了语义分析领域需要对最基础的方面进行考虑，即信息的语境（context）。我过去常常步行，我感觉这是最令人愉悦也是最舒心的旅行方式，但是美国却在亨利·福特（Henry Ford）的创新的影响下成为汽车行业的世界之都。你不会在美国大城市的郊区看到太多步道，有一辆车比夜里有住宿的地方更加重要。正是传统、文化和潮流的持久融合形成了思维方式。但是语境也可能取决于待分析短语的当前状况。某些例子是关于空间关系的句子，例如我们在第二章探讨水族馆的比喻时所举的例子。即使在面对 "The object is quite far, on the left" 这样的简单句时，我们也会发现在没有语境的情况下句子是难以理解的。哪里是"左边"？左边是以说话人的视角还是以听话人的视角作为坐标系进行定义的呢？"很远"究竟有多远？你是以英寸还是以英里作为单位的呢？

语境的角色也是另外一个概念。子语言是由特定人群所使用的词汇、风格和理解的特定组合。事实上，每个专业群体都使用自己的子语言。如果假设我们正在一家医院里参加一个探讨某些高难病历的博士团队，那么我们就很可能对他们所谈论的内容一知半解，甚至一窍不通。如果你和一些多数时间都在海上度过的水手们坐在一个海滨酒馆里聊天，那么你大概就会认为他们修理船只的思维是很难理解的。这就是人工智能系统往往针对特定人群进行设计的原因。职业、语境和知识水平的多样性实在是太庞杂了，人工智能想要对其进行语义分析实非易事，即使人类也难以企及。如果你听到"Bulls are coming！"这样一句话，那么你在农场的辛勤劳作时听到这句话和在一个城市声名狼藉的黑暗地下听到这句话，意思是全然不同的①……

在语义研究领域中，一个日渐流行的重要方向是情感分析（sentiment analysis）。这个方向关注的是，对作者在一段文本中的情感和意图进行解读。从在线营销的增长和在线社区开始对现实世界产生影响的角度看，这显得尤其有趣。不仅对于公司和生产商来说，而且对政客而言，快速自动浏览一篇博文或者一个产品页下方成千上万条评论并且理解其中的激情、需求和欲望，就变得非常重要。当然，正如你能轻易想象得到的那样，这是一项非常具有挑战性的任务。例如，某些真实情感是隐藏在讽刺的壁垒之后的。"This movie totally changed my perception of cinematography."，这句话可能是一个非常积极的评价，也可能仅仅是一个表达完全相反的观点的明智之举。

第三节　与机器人约会

我记得有一则故事是这样讲的。一个年迈的美国印第安人是他所在部族的最后一人了。他独自生活在一片广阔的部族保留地上，陪伴他的只有一条狗。遗憾的是，他是最后一个讲部族语言的人了。因为他不认识其他人，所以这条狗是唯一能够理解他的语言信息的接收者，实际上这条狗受

---

① bull，多义词，公牛或凶悍的人。——编者注

过良好的训练而且掌握了许多技巧。当这个老人去世之后，这条狗成了这片土地上最后一个居民，也是懂得这种被人类遗忘的语言的最后一个个体。矛盾的是，再也没有人能够指挥它了，也没有人能够命令它表演了……

一些语言惊人般地像动物的物种一样岌岌可危，原因往往如出一辙：全球化、运输的发展和科技的扩张。尽管全球仍有大约 7000 种语言正在使用，但是每年都有一些语言消亡。我举一些例子。芬妮·柯克兰·史密斯（Fanny Cochrane Smith）于 1905 年去世，是最后一个说塔斯马尼亚语（澳大利亚南部）的人。她的原住民语言歌曲保存在蜡筒上，是这种语言仅存的声音，现在已经列入了联合国教科文组织世界遗产名录。（位于爱尔兰和英国之间）马恩岛上的渔民内德·马德雷尔（Ned Maddrell）是马恩岛语最后一个本民族继承人。除了是本地的名人外，他还积极投身于各种活动传承民族语言，直到 1974 年逝世。生活在（美国）俄克拉荷马州的桃丽丝·麦克莱默（Doris McLemore）在 2016 年去世之前花费了将近 50 年的时间去教育和保存当地部落的威奇托语，她是最后一名流利使用这种语言的人。上述三人在时间和空间上都相隔甚远，生活在不同的大陆上和不同的时代里，但是他们有一个共同点，即都具有将语言传承给后世的愿望和强烈动机。

我提及上述内容，是为了提出一个我们在日常生活中未必会意识到的问题：人们通过自己的语言认知自己和他人。对任何人来说，交流都是最基本的需求之一。也许我们不会在日常生活中对这个问题进行太多关注，但是信息的交换对于稳定的心理和舒适的感觉都是不可或缺的。这就是为何即使在最严酷的监狱里将违纪囚犯单独关禁闭都称得上有效惩罚措施的原因。与此类似的是，通过限制书信往来或者浏览网络的方式切断一个人与外部世界的交流也是施加压力的常用形式。

这一切都是因为人们天生就会寻找社团或者群体以保证与人的互通与

互助。这是从生活在历史久远危机四伏的远古祖先那里继承下来的一种根深蒂固的需求。彼时，人类没有获得技术支持的条件，所以加入团体是得以存活的必要手段。若非如此，人们很快就会成为掠食者的腹中之物，或者忍饥挨饿（能够获得浆果的区域很小，而且坦诚地说，你无法独自狩猎猛犸象），又或者在负伤却无人照料的情况下痛苦死去。交流，尤其是语音交流，帮助我们满足了这种内在需求。每个人都需要倾诉对象。人们也在成长过程中厌倦了可视屏幕（电视机、笔记本电脑、平板电脑、移动电话），一些并非通过视觉界面控制机器的东西会给人带来许多新鲜感和舒适感。

但是这并非全部。当今社会风云变幻，越来越多的关系从现实世界转入虚拟世界：社交媒体取代了现场会议，在线编辑共享文件取代了同室共事，通过网络订购快餐变得比去饭店越发受欢迎。这些都理所当然地是科学技术发展和生活节奏加快的结果。然而，语言交流对人类健康至关重要，所以，负责自然语言处理的系统必将越发受到大众的青睐。当前最大的挑战是人工自动程序难以处理即时的交流和离题的沟通。这就是蜚声全球的图灵测试在历经数十年风雨之后依然未有败绩的原因所在。尽管如此，最近的自然语言处理技术利用了（包括深度学习在内的）品类繁多势头迅猛的人工解决方案，所以重大突破指日可待。到了那时，我们生活的世界必将发生翻天覆地的变化。自然流畅的交谈不仅能够增加我们对计算机的信任（因为它们能够实现很好的工作效果），而且缩短人类与机器之间距离的革命也将从此诞生。

设想一下工具能像人类一样说话的场景吧。那么它将不再只是一个工具了。自然语言处理技术为这台机器注入了人类的灵魂。这就意味着，你在突然之间就不仅能够向计算机寻求信息或者行动的帮助，而且能够和机器简单地聊天并且享受共度时光的快乐了。当对话持续进行时，人机之间的关系就会发生变化。这个工具会慢慢变成办公室职员，然后变成亲密的助理，最后变成合作伙伴。科技发展到了一定阶段，人们会发现，系统将会变成他或者她的朋友甚至爱人。

> 🖉 **要点**
>
> - 语言（用来阐述我们的思想）和文字（用来保存我们的信息）是我们作为人类所创造出的两项最伟大的发明。
> - 自然语言处理是人工智能至关重要的一部分，因为它为人机交流带来了新的界面，同时使人类和机器之间的关系发生了巨大变革。
> - 自然语言处理有数十种应用，包括自动语际翻译、信息提取或者信息搜索等。
> - 句法分析用于分析句子结构，而语义分析则用于解读句子含义。
> - 亚里士多德主张，任何事物都可以按照两部分进行定义：该事物的所属，以及该事物与同属的其他实体之间产生差异的特征。这个定义近来成为现代词汇网络概念的基础，用于帮助机器理解现实世界中的关系。
> - 对于任何正确的理解而言，语境都是至关重要的。

🖉 **你的笔记**

第六章
与人工智能共存的
未来

　　我清楚地记得，当我初识人工智能之类的概念时，我听说机器人也就会为烤蛋糕配料，未来也许不会像想象中的那样光明。那时我还是一个八岁的小男孩，整个学年都在切霍齐内克度过。那是波兰中部地区的一个小型养生胜地，以数座盐泉而著称，也以一座体积名列世界前茅的梯塔而闻名。我去那里生活是为了改善我的健康状况和呼吸系统，以防疾病频繁发生。一天晚上，我坐在一间小屋子里看电视，屋子里还有几个人，多是一些大我几岁的男孩。护理员看了我几眼，大概是在想我的年龄有没有达标，然后就把一盒录像带放进了机器。电视上开始播放《终结者2：审判日》（ *Terminator 2: Judgement Day* ）。我睁大了眼睛盯着电视，嘴巴也张得大大的。我无法判定这部电影是否改变了我的生活，但是它一定对一个少年的心灵产生了影响。我开始提出更多抽象的问题，而不是日常的问题，也开始更多地仰望天空，而不是凝视脚下的大地。后来，我依然喜欢重温这部电影，回顾一些令人拍案叫绝的片段（例如，液氮泄漏那一段）。随着年龄的增长，我越发觉得这样的故事不太可能发生。这是否意味着我对机器时代没有信心？当然不是，我甚至对机器时代更加肯定、更加乐观。

　　就我个人而言，我坚信科技发展是不可阻挡的。每当我听到有人用"不可能"的字眼评论未来科技时，我都只是笑笑，然后置以否定。设想未来的问题在于，我们受到当前的思维模式、日常观念、处事习惯和生活方式的严重限制。年少时，我有一个在农村生活的朋友，他是一个头脑聪明的男孩，但是对科学技术没有任何经验。我记得，当我们十三四岁的时候，他说他无法想象通过电话交谈是什么样子，因为他从未打过电话。第二天，我带他去了镇里，我们买了一张电话卡，他在电话亭拨出了人生中的第一个电话。他激动极了。我们之所以能够听到如此之多的未来观念以及"不可能"之类的字眼，原因在于我们生活在今天，生活在当下的世界。这不仅是因为我们尚未知晓答案，更是因为我们甚至连应该提什么问题都不知道。据史料记载，1900 年，开尔文勋爵（Lord Kelvin）在英国科学促进协会（British Association for the Advancement of Science）中对他的同事们说了一句历史名言："时至今日，物理学领域中已经没有新的问题需要探索了。所剩下的一切只不过是越来越精确的测量了。"仅仅 5 年之后，爱因斯坦就发表了相对论，颠覆了物理学的基础。开尔文勋爵并非无名之辈，他是一位著名的科学家兼工程师，一生中实现过许多伟大成就，尤其是总结出了至今仍在沿用的热力学定律，并且测定了绝对零度的精确值（为了纪念他，学界将温度的单位命名为开尔文）。所以，当今时代的许多人无法相信计算机将会很快掌控世界是不足为奇的。

在探讨人工智能的未来时，我们通常会考虑它达到人类的智慧等级和意识程度的时间节点。到了那时，系统不仅能够回答人类提出的问题，而且能够在没有人类直接提问的情况下，创造性地工作、提出新的解决方案和创造新的理念。我们将这样的未来时刻称为奇点（singularity）（或者技术奇点）。如果作为文明的我们达到了这个点，那么结果将会难以估量。首先，拥有意识的机器将会不断进行自我改良，创造更新更好的系统版本。系统和全球网络相连，所有人类知识都会存入其中，这种过程必将从线性增长进化成迅速得多的指数增长（图 6-1）。换句话说，相对于人类工程师帮助实现的拓展效果而言，这种系统将会以更快的速度进行自我拓展。人类历经了数千年的科技进化才实现了从发明轮子到登月旅行的伟大变革。而指数级的发展速度则会将这段漫长的时间压缩到短短几年之内。我们敢于想象某些当前最重要的（如致死疾病之类的）文明问题在几个月之内就得到解决。有一点是无可置疑的：奇点将是人类最后一个也是最伟大的发明，此后的一切发明都将由机器完成。它们将会成为比任何人的反应都更加迅速且更加聪明的研究者。奇点是我们的未来吗？我对此抱有十足的信心。那它何时才能实现呢？某些专家认为大概需要 70 年，某些（包括终日研究这个项目的专家在内的）人则预计 5 年之内就会实现。如果让我猜，那么我会选择折中的数值。我相信而且真心希望我能目睹人类历史上最伟大的变革。

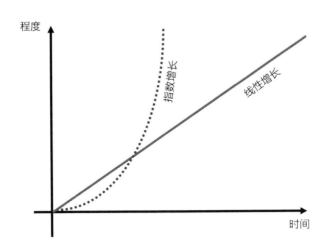

图 6-1　线性增长和指数增长之间的区别

所有这一切听起来都似乎"不可能"，但是不要忘了电话亭的故事。就在 20 年前，互联网的概念都是不可想象的。据说，国际商业机器公司总裁托马斯·沃森（Thomas Watson）曾经在 20 世纪 50 年代说过这样的话："我认为大概能够在这个世界上为 5 台计算机找到市场。"所以，不要将自己封闭在当前的框架之内，一定要拓宽视野，敢于梦想，仰望天空。

无人能够确定未来，但是我认为我们已经能够以更高的概率对未来的一些迹象进行预测了。为了能够对此理解得更加透彻，让我们以黑箱理念作为本章的第一个话题。

第一节　黑箱

正如我在本书前文谈到的那样，最近的研究结果认为，现代人每天感知到的信息比中世纪时期的人类祖先一生感知到的信息总量还多。此外，科技以人类文明史上前所未有的速度迅猛发展。认识到亚里士多德等古代先哲几乎在始于哲学，贯穿逻辑学、动力学、光学、天文学、生物学和心理学等几乎所有当时的科学领域中都做过贡献就足够了。他们的研究和发现影响了我们所有人身在其中的未来。时至今日，没有人会认为自己在面对科技的所有分支时都会感到轻松。如今所需的科学知识和专业技能都极其高端，这使数学家们都细化为许多项目团队，而他们创造的高级理论是（包含其他数学家在内的）项目组外的人难以理解的。据说当安德鲁·怀尔斯（Andrew Wiles）最初针对（当时已经长达 350 年未解的）著名的费马大定理发表他 200 多页的论证步骤时，全世界的数学界从验证到接受竟然花费了数月时间才得以完成。仅凭一人之力无法处理全部信息，即使与他专业领域相关的信息也难以应对，毕竟世界正以日新月异的速度变化着。有数据表明，每年新发表的科技论文多达 250 万篇，而且这个数量还在不断攀升。所以，我们将大多数事情都视为理所当然，就连一些显而易见的事情都没有时间和能力去核实或者理解，就更不足为奇了。我们使用数十种工具设备（很有可能你在阅读这句话时都会使用几种工具）而对其内部结构却一无所知。我们所知道的一切仅仅是我们所使用的外部界面：按键、触摸屏以及开关，其余部分（事实上，物体更大的部分）位于我们的感知和兴趣之外，从某种意义上说，对我们的大脑是不可见的。我们将这种现象称为黑箱（black boxes）。

如前所述，信息技术领域的工作人员通常使用这种概念去表述那些内部算法的细节、构造方式的技术解决方案、令他们不感兴趣的某些计算机程序或者硬件设备。但是事实却是，从各种各样的信息技术应用程序到形形色色的最新技术设备，我们的周围到处都是黑箱。如今，我们无法确切了解银行系统是如何运作的（以及当我们的账户收到钱时，我们的钱究竟在哪里）、我们的日常食品是由何种原料（以及采用何种方式）生产的、当我们点比萨饼的时候究竟会发生什么（我们只关注吃这个最终环节，而对比萨饼的烹饪人、烹饪地点、烹饪方式以及运输方式都毫不关心）。的确如此，我们仅仅将周围的许多事物视为为了满足我们的需求、回答我们的问题或者响应我们的要求而设计的产物。21世纪是我们真正一无所知的服务世界（这个名词充满着各种可能的意义）。我们输入指令就会得到输出结果，并不会花时间对输入指令转化成输出结果的中间环节进行思考（图6–2）。

值得注意的是，我们可以通过这个话题看到明朗的趋势。世界公认的20世纪最伟大的科学哲学家之一卡尔·波普尔（Karl Popper）认为，在如下三个原因必须至少满足其中之一的情况下，才能使任何（普遍意义上的）新理论具备取代旧理论的条件：新理论要么更普适，要么更精确，要么更简洁。只有这样科学家才会认为新理论"具有优越性"。信不信由你，这三种进化方式驱动着从信息技术领域到农业领域的整个世界不断变化。它还导致黑箱在科学技术形形色色的分支中缓慢而又持续地蔓延。

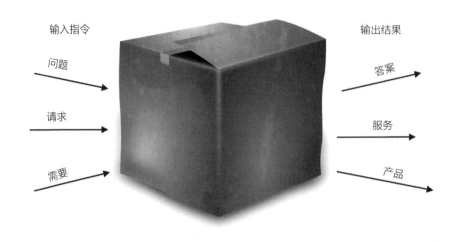

图 6-2　黑箱

让我们简单回顾一下现代计算机科学的历史。计算机科学始于第二次世界大战期间制造的机电运算设备。最著名的一台计算机可能要属由图灵及其同事制造的炸弹机。他们利用这台机器破译纳粹政府制造的恩尼格玛密码机的信息，从而增加了同盟国在人类文明史上的最大战争中获胜的概率。这些设备的创造者们清楚地知道它们是如何工作的。他们能够调整或者改良这些机器的具体部件，从而提高机器的工作速度或者修正机器的运算错误。然而，随着计算机开始向现代的形态发展，程序员开始在越来越高的层次上工作。他们最初以二进制编码进行运算，然后开始由浅入深地编写各种各样的命令。时至今日他们在更加高端的框架内进行工作。现如今的实际情况是，大多数软件程序员的工作与简单的数学运算毫无关联，甚至与硬件本身也相去甚远。在使用能够提供许多特殊功能的大型框架时，这个级别以下的所有一切就都变成了黑箱。从数学家到发明家，再到科学家和手工艺者，软件程序员最终都成为高级技术用户。他们遵循着健全的惯例、外界的建议和精确的标准。留给自由思想和尝试意想不到的解决方案的空间越来越小。这一切都是由以时间和运输为焦点的全球趋势导致的结果。信息技术从业者所专注的问题范围变得狭小，他们的黑箱超过了以往任何时代的尺度。人们认为大多数信息技术和解决方案都是理所当然的。这就是我们近来突然听说某个系统存在一个影响全球大多数微处理器的（安全）漏洞的原因之一。信息技术行业常常会忽视低端硬件，将其视为黑箱，这个问题由来已久，而且将会一如既往地存在……

黑箱是一个普遍现象，它所覆盖的区域正在扩张。相对于其他科学分支来说，人工智能领域的黑箱效应更直观，更显而易见。为什么呢？假设有一个以人工神经网络为基础的应用程序，正如我们所知，学习过程主要是基于向网络展示学习样本并且同时为网络提供预期答案的方式实现的。当学习集（集合）足够大（而且学习样本足够充分）时，网络就会开始识别隐藏在样本中的模式，而且很快就能正确回答此前从未遇到过的问题。但是如果这个应用程序犯了一些特殊错误，那么程序员应该采取什么措施呢？他们是否需要查看程序的结构，然后手动修改权重、增加或者删除一些特定"神经元"呢？根本不需要。毫无疑问，在由数百层的数千个神经元单体所构成的网络中寻找"错误的位置"将会消耗大量时间，再多提供一个样本以此向网络展示那个出错的问题应该比如何正确回答要简单得多。如果你对此思索一番，你就会找到再恰当不过的类比。这就恰恰是我们在教学时所采取的措施。无人能够真正以手动的方式修改其他人头脑中的任何思想（有一些神经外科领域的研究也许能够对某些生理残疾的治疗提供帮助）。多为学生举一个例子，并且试图以某种方式向其大脑中灌输正确答案，这样的方法无疑会更简单一些……尽管某些教师并不认同这样的策略。所以就此角度而言，我们会饶有趣味地发现，相对于我们与其他设备之间的互动来说，我们看待人工智能和与人工智能之间的互动更像我们与人之间的互动（尽管我们距离强人工智能还遥遥无期）。我们甚至对挚友的思想都一无所知。与此类似的是，人工智能也是一个超级巨大的黑箱。

当你阅读上述文字的时候，你大概会以为我在批评当今世界到处充斥着对所获得的产品、理念或者服务的来源不屑一顾的消费群体。但是我远远没有批判文明的意思，更没有信口雌黄地标榜我们应该试图对一切都进行了解和理解。依我所见，这种尝试将会延缓科技的发展，甚至会使其彻底停顿。所以，不要感到失望。黑箱是人类大脑过滤重要事实的自然方式，并且使我们能够（通过过滤的方式）处理海量信息。我们无法刨根问底地挖掘细节信息。我们需要认可一些基础的东西才能建造摩天大楼。然而，需要铭记于心的重点是：黑箱永远都会存在。通常来说，只要你了解了这个事实，就足以超越别人的眼界了。

第二节　稳住职业

自从第一个人工智能应用程序运行和成功应用以来，人工智能迟早会使人类文明的未来发生变化就是一件确切无疑的事情了。技术进步会改变我们工作和生活的方式不再是什么奇闻逸事。当全自动生产线开始得到越发广泛的应用时，我们就逐渐意识到它将会直接影响全球劳动力市场。一条由计算机控制的生产线就能取代数十个人工劳动力。以前动辄雇用数百人的大型工厂现在仅需雇用几名技术员工就能卓有成效地运营。随着人工智能的蓬勃发展，这种趋势将只会愈发加速。科学家、经济学家和分析人员对如下未来预测持有共同见解（这种情况并不多见）：当今时代的多数职业迟早会消失，完全由机器取代，而且其中许多工种在未来短短几年内就会淡出大众视野。如果你想想基于全球定位系统的自动导航系统或者免费使用的海量全球语言在线翻译工具，那么你很快就会感同身受地注意到与这些活动相关的传统职业大概在不久之后就会消失了。

我们对此无能为力。这一切都与现存公司简单而又残酷的经济损益息息相关。如果你能利用永不疲惫、永不请假、永不抱怨、一周工作 7 天、每天工作 24 小时的机器免费高效地工作，那么你雇用人类劳动力的可能性就必然会大大降低。这种趋势的规模已经在某些产业中有所表现了，也已经成为网上热议的话题了。毫无疑问，高失业率是每个社会都试图避免的问题之一，因为它会扰乱不同年龄段之间的经济平衡，也会影响医疗和退休福利。（因为机器取代了位置）失去工作的人无法达到习以为常的生活水平，也无法为老年生活存储积蓄。除了其他一切负面影响外，失业还会间接增加社会动荡的可能和严重犯罪事件的概率。这就是为什么政府会制定将机器人纳入人类税收系统的规划的原因。使用机器替代人工的公司有义务（以类似于人类雇员的方式）支付会费之类的款项，从而将国民账户维持在安全限度之内。政府层面的解决方案固然重要，但是从我们的角度来看，我们能否采取一些措施去推迟失业的风险以及在劳动力市场中保持安全呢？

曾经有人说过，在任何公司当中，事业成功的关键都是你必须确保在日常工作中具有不可替代的唯一性。能够处理你的日常工作的人越多，未来你会继续在那里工作的确定性就越小。不足为奇的是，当我们因为人工智能最近在我们的市场里快速发展而感觉不舒服时，同样的黄金法则也具有适用性。所以实现这个目标的第一种方式是成为你所在领域里的高级专家。即使机器会在未来取代你的职业，那也意味着公司只会初步裁员，而不会辞退所有员工。即使未来深入得更加久远，最优秀的专家仍然会有一席之地。在结束一天工作之际，总需要有人控制人工智能、执行定期测试、监测机器行为以及对系统进行训练。这些类型的活动无疑会是最具价值的工作。

所以，无论你从事何种工作，你都要尽你最大努力去做。值得一提的是，虽然我们面临的变革会使某些职业减少甚至消亡，但是同时也会将那些在此前数十年中因为受到忽视和低估而被描述为没有用或者太抽象的职业恢复到世界中来。顶级专家和政客大概很快就会征求当前正在遥远的亚马孙平原调查部落和考古发掘的人类学家的见解，从而发现和理解人工智能改变我们的生活方式和社交技能的途径，以及这些改变中隐藏着何种潜在风险。如今有时被视为怪人和宠物生理学家的行为学家必将成为高薪难求的热门员工。机器变得越独立，理解它们的目标和行为就会变得越重要（对强人工智能而言，尤其如此）。在大学教堂里探讨善恶问题的伦理学家，将会按要求制定计算机应该遵循的规则，例如，训练计算机如何在来自两名不同用户的两个彼此冲突的请求之间做出明智的（而且诚实的）选择。最后，常常受到当今时代的技术人员忽视的哲学家，也许是唯一思维足够开阔并能够客观地谈论人工智能和尝试预测人类文明未来的人。这个列表还可以进一步扩展……

另外，将人类和机器区别开来也是同样重要的。为了保住工作岗位，你需要使其具有特点，而且需要证明你的行为是难以由自动算法取代的。工作的重复性越高，其中的某些部分在不久的将来由计算机控制的概率就越大。如果你不想被机器取代，那你就不要像机器一样工作。切勿做机械性的工作，切勿根据脚本和清单工作，你要更多地注重（机器也许永远都不会具备的）个人经验和直觉。不要盲目地循规蹈矩和随波逐流，分庭抗礼和独辟蹊径也许是更好的策略。不要按部就班，而要打破陈规、勇于实验、探索未知。要开发自己的模式，要寻找自己的解决方案，要发挥自己的创造力。这所有一切都会对你有所帮助，不仅能够使你避免由人工智能所造成的低人一等，而且能够使你发挥真正的激情，从而在当今这个前人工智能时代成为身价倍增的员工。通常而言，我们能够在上述建议和艺术史之间找到一些绝妙的相似性。

你大概已经对因为开放式的构图、清晰可见的笔触和以随心而动捕捉瞬间为主旨而著称的印象艺术运动有所耳闻了。这场运动诞生于 19 世纪 60 年代初期，包括克劳德·莫奈（Claude Monet）在内的一些青年画家将这种艺术风格带到了这个世界。这种风格最初令人不屑一顾，甚至遭到了其他艺术家的嘲讽，但是后来却变得广为人知，令莫奈声名鹊起、家喻户晓〔他于 1872 年创作的名为《印象·日出》（*Impression, Sunrise*）的油画成为命名这场艺术运动的灵感来源〕。莫奈旋即赢得了大批追随者，并且为这些才华横溢的艺术家提供了影响深远的灵感。这与当今时代人工智能的发展以及各种应用程序成为受众广泛的工具颇为类似。人工智能系统能够随着每次迭代制造新的解决方案或者越来越完美地解决问题。然而它们仍然无法创造与以往看到的任何东西都全然不同的新方法或者新趋势。人工智能工具是能够完美模仿人类模式的技艺高超的追随者。就像翻唱一样，虽然能达到令人难以置信的娱乐效果，但是似乎仍然缺少些什么……

所以，如果你担心人类的艺术或者创造力已经消亡了，那么请先收起你的成见，不要急于下定论。虽然当今时代的人工智能能够模拟人类的工作方式，但是正如人类的情况一样，追随者和领袖之间依然存在着天壤之别。真正的创造力赐予了我们一个当前阶段的机器绝对无法获得的潜力。这就是对这种特征进行自我培养具有重要意义的原因。我们遵循的陈规（实际上是算法）越少，我们的思想就越开放，我们就越有机会成为通用人工智能的伙伴，而不是心灰意冷的敌人。

我每次去伦敦，都会抽出一些时间去英国国家美术馆（National Gallery）待一阵子，看看我钟爱的画作，凡·高的《向日葵》（Sunflowers）。无论它是神来之笔的画作还是精神癫狂的涂抹，这张以静物世界为主题的可谓相当微不足道的画作（一只插满向日葵的花瓶）都被公认为世间绝无仅有的杰作。但是还有一点值得一提。人们能够在一些网络数字图书馆中看到这张画的超高分辨率（以数百万种颜色组成）的复制品，即使最小的元素都可以放大数百倍细细研究。但是你只有伫立在英国国家美术馆中的原作前才能在这幅画的特殊区域看到一些视觉感更加厚重的图层，据说这才是凡·高画作真正的特点。这就是电脑复制品能够再现原作的美感却仅仅沦为没有灵魂的文件的原因所在。就我们探讨的话题而言，这大概是一个恰当的比喻。就算人工智能在未来的某一天能够模仿人类的全部活动，它就能够成为有血有肉的真正的人类吗？绝无可能。因为它们会缺少一些东西这是一些乍一看未必可见但是如果缺少了便会失去灵魂的精华。

此前关于如何保护你的工作免遭机器取代的探讨无疑是一个重要话题。每个当前在职的员工（无论身处何种行业）都需要开始思考这个问题了。即将选择未来职业的高中生也要想想这个问题。人工智能的应用每天都在覆盖越来越多的领域。全球范围内的变革过程已经开始了，而且毫无疑问这场变革将会在随后的二十年间彻底颠覆劳动力市场。当今时代，软件工程师是猎头的黄金猎物，但是现在这个年代出生的人在完成学业之后也许就无法找到这个行业的工作了。如果我们探讨人工智能将会在接下来的几个世代中对人类文明和人类本身构成何种影响，那么这就不是工作场所的问题了，而是人类和人类的心智进化的问题了。正如我们在本章前文中探讨过的那样，奇点是人工智能成为拥有意识、创造力，能够自我改良以及向着更高端、更优秀的版本迅速发展的时刻。这个时刻将在何时到来呢？没有人知道具体答案。但是可以肯定的是，顶级专家给出的形形色色的答案介于几年和 70 多年之间。有一点是确切无疑的：这个时刻意味着人类发明的终结。所有研究都将由人工智能以更快的速度设计、实施和应用。计算机将会迅速开始控制从制造业和农业到交通和运输再到医疗护理、全球管理和日常娱乐活动的文明的方方面面。我们可以翘首企盼的是，奇点时代的人类既无须工作也无须任何特殊努力或者担忧就能按需获得各种产品和服务。只要你想要，你就能够得到。这是否就是我们梦想中的世界？也许吧。然而，不可忽视的是，它也会使人类发生变化。你只需想想我们什么都不需要做就能明白了。我们会不会因为受到足够的激励而去实现一切具有挑战性的活动？

虽然这也许是我们不应该担心的问题，但是遗憾的是，这也是文明可能会发展的方向。我们也许不会继续使用复杂的设备，因为它们可能会被语音命令所取代，而且数学将会是走向消亡的首批技能之一。那么接下来会怎样呢？我们的读写活动都将变得越来越少，我们也就慢慢地成了文盲。我们将无法抽象地思考，也无法理解复杂的理念，并且随之退化成眼界狭隘、缺乏理念、缺乏创造力，甚至没有梦想的简单消费者……如果你感觉焦虑，那么就要记住这种情况是具有可能性的，当然第一种情况也有可能发生。最后，当人类达到奇点时，每个人都将亲自决定选择哪条路径。其他人会设法改变你，也会设法限制你的行动，甚至会设法操控你的行为，但是你的大脑永远都是自由的。你要保持思维开阔，永远都不要在最简单的道路上随波逐流。这是获得创造力的秘方，也是在当今时代实现突破性发明的诀窍。正如你在图 6-3 中所见的那样，这也是为人类的未来指明方向的北极星……。

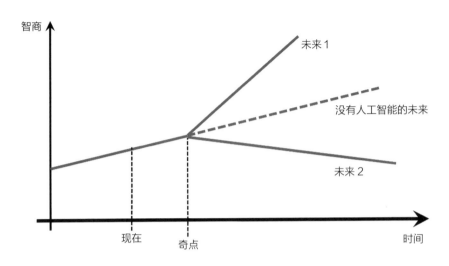

图 6-3　未来将会选择的路径

　　我认为人类的未来会沿着如下两条主要路径中的一条发展。第一条路径意味着，人们将会希望向机器学习更多，拓展知识和技能，更加具有创造力，成为人工智能的学生或者伙伴。我们此前从未接触过的难以置信的事实和技能将会帮助我们对周围的世界和自己形成更好的理解。我们最终可能人人会成为哲学家和艺术家，不仅会从产品和服务中获得乐趣，而且会从创造性的讨论、美妙的艺术品和内心的高度平和中获得愉悦。另一条路径是，我们也可能会向反方向发展。如果你的一切都是免费获得的，那么就会有一种诱惑力驱使你无所事事，你只会在懒惰里沉沦。今天我们就注意到了这种趋势。高科技取代了我们的技能，所以这些技能退化了。因为我们能够在全球范围内使用全球定位系统，所以人工向导越来越少了。无论是阅读简单的地图还是在不依靠设备的情况下（仅仅通过观测太阳的运行和植物的生长）在地球上辨别方向，都已经成为社会问题。人们在不带手机旅行时不仅很容易迷路，而且会感觉精神紧张。书写文字时也会发生同样的情况。因为有些人习惯于利用计算机或者移动设备输入信息，所以已经无法使用手写的方式清晰地书写文字了。因为许多应用程序都提供免费的拼写检查工具，所以我们已经丢失了许多拼写和语法技能（我在写这本书时也使用了一款拼写检查工具，仅仅在这一段里，它就帮我修改了十几处错误）。

第三节　枪与玫瑰

我在前文提及，就修复意外的系统行为这个问题而言，人工神经网络开发人员更普遍使用的策略，不是试图以手动的方式改变网络结构中的任何东西，而是向机器展示更新颖更恰当的学习案例。所以我们已经开始发现自己面临着一个新的挑战了。我们不仅要研发一个工具，而且要明白这个工具"在思考些什么，在计划些什么"（无论这两个动词在这句话里的实际含义是什么）。理解是通向未来的必经之路。我们需要接受的事实是，随着人工智能技术进化得越来越复杂，越来越向强人工智能靠近，我们的思想将会和它们的能力之间产生越来越大的距离。如果我们对这个问题思索一番，那么我们就能从人类能力的角度来划定人工智能的技术等级。我采用与未来的时间轴对应的方式将这些等级编号分为从零级到四级的五个阶段。

零级阶段：我们能够完成

如果我们看看当前的人工智能应用程序，就会发现多数程序目前都毫无疑问地处于这个级别。换而言之，因为系统是通过模仿（或者模拟）人类的某些能力和特点进行工作的，所以我们理解或者重复这些机器的活动是没有问题的。如果一个应用程序由于某种原因失灵了，我们能够（凭借自己的知识和技能）执行同样的操作。虽然我们的速度也许会比机器慢一点，但是我们仍然能够完成任务。例如，监控摄像头用来读取车牌号码的光学字符识别系统，对人类而言，手动分析记录信息和简单地记录号码是易如反掌的事情。

🚀 一级阶段：虽然我们无法完成，但是我们知道如何完成

这个级别意味着，人工智能系统能够因为人类的技术局限性以某种人类无法比拟的方式执行某些特殊操作，但是我们却对应用程序的内部结构和工作原理了如指掌，我们还能预测人工智能遵循的规则。我们现在有没有这样的系统？虽然乍一看这个问题会令人心存些许恐慌，但是答案却是肯定的。我们来回顾一下我在第二章中提及的阿尔法狗。这个系统在围棋竞赛中战胜了人类世界的冠军。阿尔法狗落子的某些走位表现出了非凡的创造力，因为（尽管围棋的历史长达数千年）此前从未有人施展过这一步灵光乍现的棋招。那么这究竟意味着什么呢？毫无疑问，我们无法达到阿尔法狗的水平。也许更有趣的是，我们实际上无法衡量它的技术水平。在诸如国际象棋和围棋之类的棋类游戏中，选手的排名往往是基于比赛结果实现的。所以，如果你战胜了一位实力雄厚的选手，那么你的个人排名就会有所提升，而且当你积累到一定的获胜记录之后，你就有可能会受邀参加更高级别的赛事。因为你身在以互动和竞争为基础的复杂机制之中，所以你的排名是受到精确定义的。作为出类拔萃的冠军，阿尔法狗所向披靡，无与争锋。颇为有趣的是，即使阿尔法狗得到了进一步升级，达到了更高的技术水平，也没有棋艺足够精湛的人能够对其进行检验和评估。阿尔法

狗无疑只是人类面临的巨大变革的开始，这还不是真正的问题。未来可能出现的最糟糕的情况是，我们根本无法判定人工智能选手的能力究竟有多么强悍。但是如果我们想想驾驶技术比我们更加高超的未来自动驾驶汽车，那么这个小问题可能就会立刻变成一个至关重要的问题了。我们如何才能检测汽车是否绝对安全呢？如果它们的驾驶技术已经比我们更好了，那么我们如何才能衡量它们的技术呢？我们可能会知道它的工作原理，但是我们却无法轻易地对其进行验证。

🚀 二级阶段：虽然我们不知道如何完成，但是我们知道那是什么

这是任何现存应用程序都尚未达到的第一个未来级别。它是指经过一系列升级（或者，更为可能的是自我升级）之后变得如此复杂以至于无论我们从代码的视角还是从技术的视角都无法系统地理解机制。如今，尽管我们无法对人工神经元单体的用途迅速做出解释，但是我们可以大胆探索和深度挖掘，从而对其展开进一步研究。虽然这非常耗时，但是却是切实可行的办法。二级阶段意味着，系统的复杂性及其产生的理念是人类研发人员难以参悟的。假设有一个（像安德鲁·怀尔斯对费马大定理的200页证明那样的）非常复杂的数学证明，那么就几乎无人能够理解它的概念步骤了。进一步说，假设有一个（在外星人的宇宙飞船中发现的）无人能够理解的数学证明。这个证明用于计算系统能量传输的优化方案，从而将能量在传输过程中的损耗降低到最小值，这就需要考虑（包括需求变化和天气因素在内的）各种参数。虽然无人能够真正理解这个证明是采用何种原理对情况进行精确分析的，但是它所采取的（节约传输能量的）行动对每

个人来说都是一目了然的。这就是二级阶段。无论我们是否想要进入这个阶段，我们都需要为这个时代的到来做好准备，因为它也许会先于我们最初的预期转眼即至。我们需要学会信任机器，也需要对机器发展的方式制定规则，从而使其值得信赖。

✎ 三级阶段：虽然我们不知道是什么，但是我们知道为什么

在二级阶段，尽管机制因为太复杂而无法理解，但是我们却仍然清楚地知道这个潜在系统究竟是用来做什么的。从使用的角度来看，它的活动仍然是简单的。而三级阶段则更进一步。它是指只有整体目标可以理解的复杂的未来系统。假设有一个能够控制跨国道路交通，同时试图降低空气污染、交通阻塞和交通事故的全球系统。这个系统每天都能执行数千个活动，其中的某些活动是用户全然不知的（例如，关闭一条特殊道路或者封锁路口一段时间），这主要是由于缺乏完全的可见度导致的（因为这个系统会比人类更早地识别潜在的危险）。然而，驱动人工智能系统行为的最终目标却是由社会精确定义和认可的。我们可以想象得到人们会这样评价，"虽然我不知道为什么这条路又被封锁了，但是我却知道系统对它控制得很好。这对我们有很多好处。现在的车更少了，空气也更清新了。所以，虽然我不知道这里发生了什么情况，但是我可以肯定的是，这对更流畅、更安全和更环保的交通一定非常重要"。

✎ 四级阶段：我们不知道原因

当达到四级阶段的时候，我们就到了最终的技能认知阶段。这是我们

经常探讨的阶段，也是在信息技术产业和普通民众家中唤起许多情感的阶段，也会是技术进化的必然产物所必然形成的阶段。这个阶段意味着，我们将无法理解人工智能活动背后的动机。如果我们换一种方式表述三级阶段终端用户的评判，那么我们就会或多或少地听到这样的言语，"虽然我不知道发生了什么，但是这种现象的背后一定有原因"。一旦人工智能应用程序达到强人工智能、意识、创造力和自我激励的程度，那么四级阶段就会成为现实。当人工智能可以忽略人类的意志进行自我升级和决定自我目标时，我们很快就无法猜测它做出的特殊决定的原因了。积极的一面是，人工智能不会因为人类思想的局限性而停顿，却会自觉地迅速发展；但是同时也存在风险，人工智能将不受控制，当我们发现危险征兆再准备切断电源时，似乎已经来不及了……

　　这是否意味着，未来不仅一片黑暗，而且人类没有希望？当然不是。极有可能的是，未来的人工智能（尤其是强人工智能）将会把人类世界变成天堂。想想当今所知的所有致命疾病，尽管成千上万的科研人员在努力寻找治疗方法，但是取得的成功却寥寥无几。对配备了全部人类知识的数字集（已经存储在网络中，而且由于先进的搜索引擎的作用而易于访问，获取任何所需的资源或者事实都已不再是真正的困难）的具有创造力的强人工智能而言，研发一种针对某种疾病的完整治疗方案可能最多需要一个月，或者仅仅需要一个星期。一年的研发就会进入所有已知疾病都能得到治愈的阶段，或者至少在疾病已经产生了某种程度的不可逆的影响（身体损伤）时避免其恶化。国际销售的生产和准备阶段大概需要一到两年时间。梦想就在前方。同样的系统也将有助于控制大规模生产和农业。如今，已有数十亿美元用于确保非洲国家等世界最贫困地区的食品供应。尽管如此，这些资金也不够用。每个月不仅有数百万人忍饥挨饿，而且有数千人死于口渴。根据经济学家的统计，全球百分之一的人口拥有世界一半的财富。当财富在这个世界的一部分地区代表着奢侈时，等额的货币却在其他地区代表着生存。不置可否的是，人们（至少在一开始的时候）不会允许人工智能以平等的方式共享财富。有钱人会竭尽全力阻碍平等。但是这并不是问题。对于社会底层的贫困人口而言，金钱并非主要需求。他们日复一日思索的只有食物、水和住所。这是人工智能可以迅速提供帮助的领域。土地灌溉的优化设计、负责每周 7 天每天 24 小时全天候植物种植的无人机和机器人大军、海水淡化以及供水系统大概会在十年之内将世界上最干旱的大陆变成本地居民的安居之所，甚至再过十年，当人们从太空俯视非洲的时候，会发现非洲已经成为一片绿洲。无论启动何种工程，人类的参与都是至关重要的，这意味着需要巨额资金的支持才能确保我们雇用的工程人员都能获得报酬。这是基本的经济规律。无人免费工作，因为他或者她也需要资金支付给其他人（商店收银员、食品厂、房东、医生等）。货币手手相传，创造了围绕整个地球的不计其数的神奇循环。[①]

有一些志愿者、牧师和其他人员不会因为工作收一分钱。这是一种难以置信的态度，我们都应该向他们表示感谢，因为他们往往会无偿地承担其他人不愿意承担的挑战。但是，首先，这种人很少（遗憾的是，极其稀少）；其次，他们也需要钱，至少需要支付食物、住宿和交通等的费用。无可置疑的是，金钱掌控着整个世界，但是强人工智能也许会颠覆这个规律。机器工作是免费的，而且还不需要食物和休息。机器人能够进一步制造机器人，也能建造农场和工厂，从而不仅能够自给自足，而且能够向任何可能

---

① 有时一部分钱甚至能够随着我们的付款返回我们手中。事实上，当你翻看钱包思考钱财的往来细节时，就会感到十分神奇……如果你想满足一下好奇心，你可以亲自试试。

需要产品的人（绝对）免费地运输产品。金钱也许不会再是帮助世界时的阻力因素。虽然这不可思议，但是的确可能。奇点也许会是人类文明的新纪元的起点。饥饿、疾病和贫穷将首次成为在现实中没有所指的空洞文字……

我们在上述文本中谈论的所有内容都是一个愉快路径，用最简单的话来说，就是人间天堂。但是这个世界也可能沿着另外一条相对不太乐观的路径发展，这条路径也是电影中常常渲染的场景。历史上最著名的电影导演之一，才华横溢的阿尔弗雷德·希区柯克（Alfred Hitchcock）曾经说过，好的电影应该以地震作为开篇，随后的压力也应该逐渐增加。老实说，一部以风平浪静为主题满是顺从的机器人和快乐的人而毫无不确定性线索的电影注定不会吸引太多观众，也注定没有机会通过票房利润去补偿制作成本。虽然糟糕的场景在大众媒体中颇为流行，但是遗憾的是，这类影片的确是一种可能。一种最流行的剧情是，拥有自我意识的机器会（在某种原因的影响下）试图毁灭人类。大概多数读者都对难以置信的《终结者2》（Terminator 2）记忆犹新。这也就是我在本章开篇处提及的《审判日》。这部电影成为经典的原因。

天网（一个用于识别和消除军事风险的陆军防御系统）将人类视为敌人，并且发射了核武器攻击人类。这种情况在现实中可能发生吗？正如我们在上文中探讨过的那样，即使在当今时代，研发人员都无法理解复杂的大型人工神经网络中的全部"脉冲"信号。换言之，我们无法描述人工智能的全部思想，所以我们无法对机器执行的所有行动和结果进行全部预测。尽管相对人类而言，机器发生错误（或者不正确的行为）的概率要低得多，但是我们需要记住的是，人类思维中依然存在着一些其他（诸如同情、良心和信仰之类的）"障碍"，而对计算机来说，这些都是百无禁忌的。如果你的计算结果（即使数值很高）表明需要攻击某人（或者某个国家），那么你一定会亲自审核这个决定。世界各国首脑和其他决策制定者身边都有大批分析师和顾问，任何军事决策在制定前都需要经过缜密考虑。重大事件的自动决策可能会导致某些无法预测的危机。除此之外，如果你训练机器识别敌人，那么就必然存在机器在某个阶段将你视为敌人的可能性。所以人工智能的应用领域是关乎生命的。将人工智能应用到军事领域中会增加世界末日的风险。

这就是为何在 2015 年召开的世界最大规模的人工智能会议之一——国际人工智能联合会议（IJCAI）的开幕式上，有人宣读了一封要求禁止人类无法控制的攻击性自主武器的公开信。20000 多人在这封信上签名，其中包括斯图尔特·罗素（Stuart Russell）、斯蒂芬·霍金（Stephen Hawking）、埃隆·马斯克（Elon Musk）和诺姆·乔姆斯基（Noam Chomsky）等著名人物。遗憾的是，这封信至少在部分程度上没有得到重视。同年，美国军方宣布，由数十架无人机组成的武装军事集群，在无人监督的情况下彼此交流合作完成共同攻击一个目标的第一系列试验。

1999 年，沃卓斯基兄妹（Wachowski siblings）将另一个新颖的概念搬上了荧幕。《黑客帝国》呈现了一个如同我们生存的世界一样的看似正常的世界。但是大多数人的眼睛是看不见真相的。我们看到的一切都只是由计算机制造的幻象，这是一个名为矩阵的复杂的虚拟现实世界。那么真相究竟是什么？智能机器将人类储存在充满营养液的小型舱体内进行培养。这一切都是为了收集人脑产生的电能。人类变成了电池。这会是我们的未来吗？不得不承认，人类最近在虚拟现实科技领域取得了令人刮目相看的成绩，这使我们无法排除这种可能性。更重要的是，这也许是许多未来人类所渴望的梦想：有机会生活在一个完全安全的虚拟天堂里，这样就既不会受伤，也不会遭遇任何不幸。乍一看，这个梦想既令人惊讶又不可思议，直到我们对此进行更加深入的思考时才会发现：人类自己设计和控制的虚拟世界可能会是文明进化的步骤之一。

人们普遍认为，未来的世界探索大概会沿着两条主要路径中的一条前行。一条路径是，人类会对地表更加深入地挖掘，并潜入更深的位置，以及建造火箭和测量设备并向宇宙更远的未知边界进发，从而继续探索物理世界。而另一条路径则是，人类不会消耗大量精力去探索真实宇宙，取而代之的是，人类决定将精力转移到虚拟世界，毫不费力地创造自己的宇宙。20 世纪 70 年代，举世闻名的费米悖论诞生了。如果宇宙中有数千万亿颗恒星，那么宇宙中就可能会有数不胜数的文明，我们怎么可能从未发现它们存在的证据呢？它们在哪里？我们会不会是这个浩瀚宇宙中的孤独的文明？或者它们明明就在那里却出于某些原因而不想对我们做出回应？也许它们处于某种文明的高级阶段，决定忽略周围世界，专注于自己的虚拟世界，完全沉默地待在自己的星球上……当然，我们也需要考虑更加消极的可能性，也许达到奇点的时候就是文明终结的时候。人工智能是不是进化的最终阶段，是不是由自然界设计的用以消灭任何对它过分支配的物种的神秘机制？

《黑客帝国》所呈现的监禁方向大概不是唯一的方向。电影往往展示给我们心怀不轨的邪恶机器，它们要么将我们关入笼中，要么试图将我们像害虫一样铲除。但是如果你对《黑客帝国》多做一些思考，那么你就会意识到，大多数人（事实上是除了尼奥及其同事外的所有人）都过着极其平凡的生活，拿着普普通通的工资，有着各种各样的爱好，过着四世同堂的快乐生活，也享受着浮生半日的自由时光。他们既没有受到身体伤害，也不知道自己处于监禁之中。那么，限制你的活动和自由意志的是否总是你的敌人呢？当然不是这样。父母总是不让孩子做自己想做的事情。他们是为了保护孩子，因为他们了解孩子幼稚的思维缺乏经验，无法预测（和避免）世界上的重重危机。如果你听听皇室成员的回忆录，那么金笼子几乎是所有采访中都会出现的一个词语。人们总是不让这些孩子自由处事，也不让他们做任何与规则和礼仪有悖的事情（就连违背很久以前的陈规也不行）。

所以我们能够想象得到的一种负面情景是，未来的人工智能会把我们所有人都视为珍宝，乍看之下，这无可厚非。但是过度保护也许不是我们真正想要的机器。这个系统也许会把我们当成小孩子对待，不让我们做任何活动（从而确保我们不会受伤）。机器人可能会限制我们做运动（因为造成脑震荡的概率非常大）、限制我们饮食（包括美味却油腻的汉堡），甚至限制我们以自己喜欢的方式放松（所以不会有啤酒，不会有日光浴，不会有二人世界）。在某个阶段，我们也许会被关在家里，因为外面的世界太危险了。这样的我们虽然既长寿又健康，但是没有丝毫机会去发现完整的生活究竟是什么样子。

事实上，当我们审视奇点的可能含义时，也许还有一个（或者更多）对我们有害的结果。假设人工智能会在未来的某一天控制我们的大部分世界（这是当前的发展趋势），它将控制运输、能源和农业，甚至会控制天气。一切都是为了使人类的生活更加简单、更加便宜和更加高效。所有这一切听起来都很好。但是不要忘了我们在第一章中提及的内容：对人类而言易如反掌的事情，对机器而言就难于蜀道，反之亦然。系统进化得越"智能"，就越会和人类具有相似性。它们会用人类的方式更迅速地完成更多工作，但是它们会在继承所有预期特征的同时多继承一个特征：犯错的概率。标准的计算机是用于计算数字的，计算机是不容犯错的。但是随着应用程序越来越复杂和问题越来越多，就可能会并始出现错误。这不必大惊小怪，毕竟就连人类中的天才都会犯错。唯一的问题在于，如果未来的系统控制了几乎整个世界，那么一个错误就可能会导致难以估量的后果。举个例子，假如这个错误和食品或者新型高质维生素的产量有关，会是什么结果呢？在最坏的情况下，这可能就会意味着，世界上的大部分人口都会死于饥饿或者无法生育（由于人类没有后代，走向灭绝）。我们赋予机器的责任越多，需要考虑的风险就越高。我们的逻辑思维和远见会战胜本能的懒惰吗？

　　我常常在讲座上或者交谈中听到这样的问题：当今时代，人们对未来的探讨比比皆是，人类文明在发展的过程中既有可能走上愉快路径也有可能踩进陷阱，但是这两种情况真的会发生吗？人工智能真的会掌控未来世界吗？或者它仅仅是一个当下正在流行的热门话题？有没有什么可以相信它的理由？有。这个理由是，当我们说话的时候（或者当你阅读这本书的时候），它正在真真切切地发生着。你只要睁大双眼仔细观察四周，注意人工智能已经开始占领高地的迹象，就足以洞察一切了。我们已经在前文中提到了科学家的公开信，他们在信中建议增设一则禁止将人工智能应用于自主武器的法律条款。他们选择在这场会议上提出这条建议绝非偶然。许多签署人都对军工产业正在从事的科学研究和进展状况持有个人看法。他们的警告并非科幻小说，亦非为了赢得更多观众而进行的自我营销，毕竟他们当中的很多人都早已是名利双全的人物了。所以这既不是为了哗众取宠，也不是为了娱乐大众，这是为了保护我们的世界，保护全人类的共同家园。我们甚至现在就会意识到，我们已经距离突破时刻近在咫尺了。就在宣读公开信的同一年，全球最有权势和有影响力的政客、经济学家和商业领袖云集一堂，信心十足地召开了一场声名卓著的彼尔德伯格集团（Bilderberg Group）年度会议，会上探讨了诸多议题，其中包括欧洲战略、全球化、中东、北约、恐怖主义以及人工智能。

所以，如果他们都肯花时间探讨人工智能，那么我们就必然应该比以往更加严肃地思考这个问题了。2015 年，开启人工智能科研公司作为非营利性人工智能研究公司成立了，旨在研发人工智能领域的安全解决方案，以及确保研究结果能够尽量广泛而且平等地得到共享。据估计，投入资金达到了难以置信的 10 亿美元，释放出了这绝非儿戏的明确信号。私人投入这么多资金，一定是因为投资人知道这么做是价值非凡的。最后，2016 年 9 月，人工智能合作组织（Partnership on AI）宣布成立，将包括（但不限于）亚马逊、脸书、苹果、深度思考和谷歌集团、微软和国际商业机器公司（IBM）在内的世界信息技术巨头吸纳为成员。据官方声明，这些公司的联合力量将关注重点集中于制定人工智能技术领域里的最佳惯例（标准），使之成为讨论、知识交换以及监控人工智能对人类、社会和整个世界的影响力的服务平台。尽管如此，但是有句中国古语值得深思，相传这句话出自公元前 6 世纪的军事家孙子之口：知己知彼，百战不殆。人工智能是一个逐渐增长的产业领域，人们却很难明确其局限性。人工智能合作组织必然有第二个目的：进一步深入竞争，从而获得更多监控彼此发展和成果的机会。无论官方持有何种口径，也无论我们能够据此猜测或者推断出何种结论，有一点是确切无疑的：第一个研发出有意识的系统的公司将会赚得盆满钵满。这场角逐不可能设置亚军，更不可能设置安慰奖。因为人工智能很快就会掌控信息技术，所以就连这些巨头都在为生存而战。任何没有即时跳上这次列车的人都将无法赶上这场革命，也将从此淡出市场。对产业和文明而言，人工智能大概是有史以来的最大机遇，但它也将转瞬即逝。因为洗牌之后，再无机遇可言。

我在这部分的末尾有两个想法。第一个想法是，缺席者的名单通常和参与者的名单一样重要。为何某些公司没有参加任何形式的许可、标准或者类似于上文描述的那些合作组织，我把这个问题留给读者去思考。感觉不舒服？搞不清重点？还是因为宝藏近在咫尺而不愿把藏宝图拿出来和大家分享呢？第二个想法是，上述案例大多取自 2015—2016 年。此后的科技并没有停滞不前，而是日新月异地飞速发展。翻翻你的日历，将你的期望、感觉和预测乘以 3，想想现在会是什么情况……

第四节　白板理念

每当有人问我对未来邪恶嗜血的机器持有何种看法时，我都想回顾一下白板说的哲学理念。这个理念可以在集古代天才和科学先驱两大美名于一身的亚里士多德的作品中找到根源。"tabula rasa" 这个术语源自拉丁文，意思是"空白的石板"。这种理念是指，人没有任何与生俱来的内在、神秘或者超凡的思想意识，即当我们刚降生在这个世界上时，我们的大脑就像刚从当地文化用品店里购买的全新钢笔的墨囊一样空无一物。我们的思想，我们的为人，都取决于我们在人生路上所积累的认知和经验。人们对这个理念褒贬参半，因为它在某种程度上触及了灵魂、宗教信仰以及其他更多争议不断的话题。我不想在本书中对此展开探讨。我从未试图推动任何选择，而是将话语权留给其他人。信仰是生活中不可或缺的一部分，如果想要改变一个人的信仰，那就等于改变这个人本身。无论如何，我都对白板理念进行了回顾，因为在我看来，用这个理念描述人工智能恰如其分。无可置疑的是，当机器和人工智能系统刚在生产线上创造出来时，它们都是"白板"。那些认为机器天生就具有劣根性的人是错误的。即使对于最复杂的人工神经网络而言，人们也为其内部通道权重分配了一些默认的数值集，没有隐藏的内在本能、感觉或者偏见。重要的是，要明白，从定义上来说，人工智能本身并无善恶。正如锤子一样，它是一种工具。我们能够利用这种工具建造家园，也能利用它伤害彼此。决定权掌握在用户手中。这才是真正的危险所在。机器本身并非危险因素，机器的开发者和设计师即普遍意义上的人类才是危险因素。有能力将机器改装成有用的工具或者武器的不是其他人，而是我们自己。因此一定要铭记于心的是，不仅要为机器选择适当的应用程序和精确的目标（因为它将矢志不渝地恪尽职守），也要共同制定法律规章。如果我们创造一个军用人工智能系统去搜寻和消灭我们的私敌，那么就会存在一种风险，算法（在根据案例和收集到的经验不断学习的同时）也许有一天会将全人类都视为敌人……而且擅自主张将我们全部消灭。矛盾的是，机器精确地遵循着我们制定的规则和设定的目标，却将我们自己视为了敌对目标。另外，如果人工智能的创造者根本就没有定义敌人的概念，那么人工智能就不可能想要摧毁我们（图6-4）。

图 6-4　锤子究竟是工具还是武器？

选择安全的应用程序只是必须考虑的事情之一。我们也需要记住，任何人工智能系统（尤其是那些基于神经网络或者遗传算法的人工智能系统）每天都在通过接触新的案例和学习新的样本不断地进行改良。虽然乍看之下并不明显，但是可以肯定的是，人们肯定对其进行过一些定期检查，从而精确地检测这个系统的工作方式。我们可以在飞行员、出租车司机和士兵等职业那里发现清晰的类似性。他们都是训练有素的专家或者水平高超的专业人士。然而，他们会在一生的时光里遇到许多影响身体状况和精神状态的因素，例如，梦魇一般的痛苦经历也许会对人的性格和世界观造成不可修复的伤害。这就是为何此类专家（尤其是一旦操作失误便能危及生命的行业领域中的专家）需要定期进行强制性测试的原因。人工智能系统也必须进行同样严格的阶段测试。

最后，明白每条信息或者每个输入信号都会使神经网络结构发生变化是至关重要的。我们需要同时强调的是，未来的人工智能系统将不会孤立地存在，而是会被设计成与其他应用程序以及成百上千的人互动的形式。我们必须（通过内部封锁的形式）在某种程度上确保外部环境不会以意想不到的方式对人工智能的行为构成影响。在一个几乎所有人都会上网甚至年轻人知道如何全方位地探索网络的时代，在一个病毒和黑客无孔不入的时代，这大概是整个人工智能主题所面临的最大风险和挑战。

✎　要点

- 奇点是强人工智能问世的未来时刻。从奇点开始，我们就能期待科学和信息技术的发展呈指数增长了。强人工智能将是人类最后的也是最伟大的发明，此后所有的未来科学发现都将由机器完成。
- 计算机系统变得越复杂，我们对其内部低级机制的了解就会越少。我们周围的服务和商品也面临着同样的情况，我们对它们的生产方式和运输方式都全然不知（也毫不关心）。每个新的解决方案都更加通用，更加精确，或者更加简单。黑箱（细节未知的区域）不断增多。

- 人工智能领域的发展必然会影响劳动力市场。某些工作岗位将会减少，甚至会消失，而另一些（当前深受低估的）岗位也许会变得比现在更有价值。

- 如果想要保住工作而不被机器取代，那么就不要像机器一样处事，要避免按部就班，打破陈规，跨越标准，践行自我，发挥创造力，跟着感觉走。

- 由机器控制的未来也许会为人类铺设两条路径：我们要么成为只会关注最简单的乐趣的文盲，要么会试图向机器学习从而组建一个由艺术家、哲学家和科学家所构成的社会。我们究竟会选择哪条路径将由我们自己决定。

- 当奇点时代开始之后，关于未来的设想，既会有愉快的情况也会有可怕的情况。尽管如此，有必要强调的是，人工智能本来并无善恶。正如白板一样，人工智能系统刚从生产线上诞生的时候是一个空白的系统。为其植入何种思想完全是人类的责任。人工智能就像锤子一样，是一个工具。你可以将其当作建造房屋的工具使用，也可以将其当作致命武器使用。我们掌握着将世界变成天堂或者地狱的钥匙。所以，就此问题而言，人类是至关重要的因素。

- 人工智能掌控未来将会是确切无疑的事实。大约十年之前仍被问及的"是否"的问题如今已经有答案了。现在不断重复的问题是"何时"。

✎ 你的笔记

第七章
最终思想

当我面对广大观众演讲的时候，或者和广大听众交流的时候，经常有人问我人工智能的未来以及好莱坞电影有朝一日变为现实的可能性。从定义来看，电影具有三个特征：令人惊叹的画面、激动人心的剧情和值得深思的主题。若非如此，整个电影产业都将因为缺乏观众而走向末路。但是，会有类似于天网的系统控制美国的核武器并将导弹瞄准全球的大都市吗？或者计算机会不会像《黑客帝国》系列电影所描述的那样决定将人类培养成自然电池？就我个人的角度而言，我对这些疑问抱有非常乐观的态度。机器既没有本能，也没有潜在思想。它们所有的源代码都是由空洞的文件构成的，所以只要人类在研发过程中足够细心，计算机系统就应该没有理由伤害我们。当然，未来是一个谜，我们永远都无法确定人工智能将会以何种方式进化。尽管如此，相对于机器而言，我对人类怀有更大的恐惧。为什么呢？设想一个完全由强人工智能控制的世界，这个世界里既没有疾病也没有饥饿和贫穷，人们都有自己的房子和汽车，什么都不缺。地球是一个大家庭，没有（或不再需要）货币，人人平等，可以自由度过幸福的一生。

听起来像天堂一样，不是吗？但是我们从思想上做好在天堂里生活的准备了吗？人类历经了数百万年的进化，我们时刻都在准备着为生存而战、保护领土以及保持谨慎和警惕。当我们处于紧张或者恐惧之中时，深深印在我们大脑（历史上）最古老的部分之中的本能仍然会驾驭我们的行为，对高级智慧能力形成阻碍。这已经得到了科学的验证。如果你对此表示怀疑，那就想想你面对（如附近的烟花爆炸之类的）突如其来的巨响的反应，或者回忆一下混乱的人群惊慌失措的画面。进化为我们做好了充分的准备——野心、动力和竞争。时至今日，所有这一切都能够帮助我们在遭遇命运逆境时克敌制胜。

它们不仅对攀爬公司"阶梯"（从而以参加部落委员会同样的方式获得权力和影响力）的年轻商务人士有所帮助，也对去鬼门关里走一遭的严重病人的康复大有裨益。我们拼命奋斗仅仅是为了保证我们在面对日常挑战、责任或者问题时能够正常生活。那么当命运将一切默认值强加给我们的时候，我们应该如何分配精力呢？无限的自由时间会引领我们走向创造力和艺术呢，还是会引领我们走向侵略和无政府状态呢？也许让每个人都因为日常事务而繁忙会是对社会更好的策略？人类花费数百万年进化之后我们大脑中的意识也许很难在十年之内发生变化。即使没有真正的对手，我们也可能会本能地寻找敌人。想想看，为什么有的人辛辛苦苦许多年才能建造一座房屋，而他们慵懒的邻居仅仅利用机器就建成了同样的房子？为什么皇室家族习惯于统治人民和制定全球决策，而有的人却喜欢服从政府的管理和指挥？社会角色分化和传统角色突然消失的后果也许是很难预测的。让所有人都立刻接受和理解这样的变革当然是不太可能的。

我经常听到的第二个问题是，未来的强人工智能会是什么样子。它会不会取代人类？未来的某一天机器会不会进化得与人类别无二致，以至于两者之间难辨真假？这些问题很难回答，因为我们在对其深入思考时很快就会发现，仅仅在计算机科学领域寻找答案是不太现实的，这些问题需要深入哲学、伦理学和宗教学的综合领域方能找到答案。由机器执行的所有行为和活动的命令都不多不少地储存在源代码中。基于这个原因，整个人工大脑和全部意识都能轻松地从一台机器复制到另一台机器之中，从而可以为了预防初始机器硬件出现故障而使一切都得到迅速转移。但是这也许不是我们应该感到嫉妒的事情？死亡，就和成长一样，是生命的必要环节之一。就哲学的视角来说，我们可以断言，如果你命中注定不会经历死亡这个环节，那么你就绝对不会经历真正的生活。从某种意义上讲，对死亡的恐惧是我们成为人类的必要条件。"人必然会死亡"的观念（Memento mori）[①]激励着我们重视生活质量、关心家庭、关怀社会，以此作为我们有限存在的一种延续形式。这也使我们对历史和我们的起源抱有兴趣，并驱使我们创造艺术，以此作为留给后世的纪念。

我们常常探讨计算机能否进化出人类的特征，但是这个问题也可以颠倒一下：人类是否变得越来越像机器？细微的错误、滑稽的误解以及笨手笨脚，我们常常认为这些是我们的不足之处，然而事实并非如此，这些瑕疵使我们稳定的生活变得更加丰富，给日常的单调增添了更多色彩。当今世界，瞬息万变。人们在各种各样的规则、标准和技术的限定下生活，举手投足都受到约定俗成的特定方式的限制。许多人都抱怨生活十分枯燥、过于教条，从早到晚一切都安排得细如分毫，感觉自己就像大部分时间都在工作的机器人。所以，究竟是机器进化得越来越像人类，还是我们的行为演化得越来越像软件程序？人们之间的思想观念的多样性会呈现出何种态势呢？是否正在逐渐消解？我们的自发性又如何呢？是否还多多少少地残存着一星半点？时至今日，我们早已身陷计算的思维之中，计算金钱、

[①] 这个词语是拉丁语短语，意思是"记住你终有一死"。该短语反映了中世纪时期的思维方式。源自《死神之舞》（*Danse Macabre*）。

计算机会、计算概率、计算万事万物，简直和人工智能别无二致。所以，也许最值得一问的应该是：我们是否还会无私地去爱？是否还会心甘情愿地为社会的真善美或者为陌生人的燃眉之急奉献举手之劳？

虽然未来是一个待解之谜，但是有一点是确切无疑的：对于那些使我们得以称为人类的特征，我们需要给予更多关注。另外，还有一个悖论即将诞生：随着我们对人工智能的研究逐步深入，我们对人类自身的了解可能很快就会远远超过对机器的认识。

✎ 你的想法
